RÉVISION

DES ESPÈCES INDO-ARCHIPELAGIQUES DES GENRES

LUTJANUS ET APRION.

PAR

P. BLEEKER.

Publiée par l'Académie Royale Néerlandaise des Sciences.

AMSTERDAM,
CHEZ C. G. VAN DER POST.
1873.

RÉVISION

DES ESPÈCES INDO-ARCHIPELAGIQUES DES GENRES

LUTJANUS ET APRION.

PAR

P. BLEEKER.

Publiée par l'Académie Royale Néerlandaise des Sciences.

AMSTERDAM,
CHEZ C. G. VAN DER POST.
1873.

RÉVISION

DES ESPÈCES INDO-ARCHIPELAGIQUES DES GENRES

LUTJANUS ET APRION.

PAR

P. BLEEKER.

LUTJANUS Bl. = Diacope et Mesoprion CV. = Genyoroge Cant. = Macolor Blkr = Proamblys, Hypoplites, Rhomboplites, Ocyurus, Evoplites, Tropidinius Gill.

Corpus oblongum compressum squamis ctenoideis mediocribus vel parvis vestitum. Caput regione temporali ossibusque opercularibus omnibus squamatum, rostro maxillisque alepidotum. Maxillae subaequales, superior vix protractilis. Dentes acuti pluriseriati maxillis, vomerini, palatini, pharyngeales; intermaxillares antici canini, inframaxillares antici et serie externa laterales medii canini vel caninoidei. Os suborbitale edentulum. Praeoperculum et os suprascapulare denticulata, operculum spinis veris nullis. Mentum poris magnis vel fossula mediana nullis. Pinnae, dorsalis et analis basi squamatae, dorsalis unica parum emarginata spinis 10 ad 13 et radiis 11 ad 16, analis spinis 3 et radiis 7 ad 12, pectorales elongatae valde acutae, caudalis expansa truncata vel emarginata. Pseudobranchiae. B. 7. Vesica aërea simplex.

Rem. Le genre Lutjanus est caractérisé, dans le grand groupe ou sous-famille des Lutjaniformes (= Mesopriontiformes, Spariformes et Maenaeformes

Blkr ol.) par la présence de dents palatines et vomériennes, par les dents canines, par la dorsale peu échancrée et à base squammeuse, et par les pectorales allongées et en forme de faux. Il comprend les espèces des genres Diacope ou Genyoroge et Mesoprion des auteurs, à l'exception seulement de celles où la base de la dorsale et de l'anale est dénuée d'écailles.

J'en connais maintenant trente-deux espèces de l'Inde archipélagique. Cuvier et Valenciennes en énumérèrent déjà vingt-deux, mais sept de ces espèces étant nominales il n'en restait que quinze qu'on savait habiter, lorsque je commençai mes études ichthyologiques, l'Insulinde et les mers de la partie occidentale de la Nouvelle Guinée. Les autres dix-sept espèces n'ont été inscrites comme insulindiennes que par mes recherches, mais la plupart étaient déjà connues dans la science. Je n'ai enrichi la science, pour ce qui regarde l'Insulinde, que de six ou sept espèces inédites du genre.

Voici le tableau des espèces insulindiennes actuellement connues. J'y ai ajouté, aux noms qu'exigeait l'état actuel de la science, ceux sous lesquels les espèces ont été indiquées comme archipélagiques par les auteurs. Par les points d'interrogation on verra que je n'ai que peu de doutes par rapport à la justesse de la synonymie.

1 Lutjanus nematophorus Blkr = Mesoprion nematophorus Blkr.
2 » fuscescens Blkr = Mesoprion fuscescens CV., Blkr.
3 » oligolepis Blkr, nov. spec.
4 » Johni Blkr = Mesoprion unimaculatus CV., Blkr = Mesoprion Johnii Cant., Günth.
5 » chrysotaenia Blkr = Mesoprion chrysotaenia Blkr, Kner.
6 » vitta Blkr = Serranus vitta QG., CV. = Mesoprion vitta Blkr, Günth., Kner. = Mesoprion enneacanthus Blkr, Kner. = Mesoprion phaiotaeniatus et Ophuysenii Blkr.
7 » lutjanus Bl. = Mesoprion lutjanus CV., Kner. = Mesoprion madras CV.? Blkr = Mesoprion olivaceus CV.?
8 erythropterus Bl. = Mesoprion erythropterus Blkr = Mesoprion xanthopterygius Blkr = Mesoprion caroui Cant. = Mesoprion lineolatus Günth., Kner.
9 » biguttatus Blkr = Serranus biguttatus CV. = Mesoprion lineolatus Blkr = Mesoprion Bleekeri Günth.

10 Lutjanus bengalensis Blkr = Mesoprion pomacanthus Blkr.
11 » quinquelineatus Blkr = Diacope decemlineata CV. = Mesoprion quinquelineatus et octolineatus Blkr = Mesoprion bengalensis Kner.
12 » amboinensis Blkr = Diacope rufolineata CV.? = Mesoprion amboinensis et melanospilos Blkr = Genyoroge amboinensis Günth.
13 » chirtah Blkr = Mesoprion annularis CV., Blkr, Cant. = Mesoprion sanguineus Blkr.
14 » butonensis Blkr = Diacope bottonensis CV. = Mesoprion bottonensis et janthinurus Blkr = Genyoroge bottonensis Günth.
15 » dodecacanthoides Blkr = Mesoprion dodecacanthoides Blkr.
16 » malabaricus Blkr = Diacope timorensis QG et Diacope Calveti CV. ? = Mesoprion malabaricus CV.? Blkr = Mesoprion et Lutjanus dodecacanthus Blkr.
17 » Sebae Blkr = Diacope Sebae CV. = Mesoprion Sebae Blkr, Kner = Genyoroge Sebae Günth.
18 » semicinctus Blkr = Mesoprion semicinctus CV., Blkr.
19 » bohar Blkr = Mesoprion quadriguttatus Blkr.
20 » rangus Blkr = Mesoprion rangus CV., Cant., Blkr.
21 » fulviflamma Blkr = Mesoprion fulviflamma Blkr, Günth., Kner.
22 » lunulatus Blkr = Perca lunulata Mungo Park = Mesoprion lunulatus CV., Blkr = Diacope bitaeniata CV.
23 » melanotaenia Blkr = Mesoprion melanotaenia Blkr.
24 » flavipes Blkr.
25 » lineatus Blkr = Diacope lineata QG. = Diacope striata CV. = Mesoprion striatus et janthinuropterus Blkr.
26 » marginatus Blkr = Diacope marginata CV. = Diacope waigiensis QG. ? = Diacope immaculata CV. ? = Genyoroge marginata Günth.
27 » lioglossus Blkr = Mesoprion monostigma CV. ? Blkr = Lutjanus monostigma Blkr.
28 » Russelli Blkr = Mesoprion Russelli Blkr = Lutjanus notatus Blkr = Genyoroge notata Cant.
29 » decussatus Blkr = Mesoprion decussatus K. V. H., CV., Blkr, Günth., Kner.

30 Lutjanus rivulatus Blkr = Diacope rivulata CV. = Mesoprion coeruleopunctatus Blkr = Genyoroge rivulata Günth.
31 » argentimaculatus Blkr = Mesoprion taeniops CV. = Mesoprion immaculatus CV.? Blkr = Mesoprion gembra Cant., Blkr, Günth.
32 » macolor Blkr = Diacope macolor CV. = Mesoprion macolor Blkr = Macolor typus Blkr = Genyoroge macolor Günth.

Bon nombre des caractères usités par les auteurs pour la diagnose des espèces ont été constatés n'avoir qu'une valeur relative et n'être appliquables que sur des individus de dimensions connues. Tels sont en général les caractères de proportion de la hauteur du corps et du sousorbitaire, de la longueur de la tête, du museau et de l'orbite. D'autres caractères dont on a fait usage, même pour établir des coupes génériques, tels que l'échancrure du limbe préoperculaire, le plus ou moins de développement de la tuberosité interoperculaire, les dents linguales, l'épine de l'angle préoperculaire (genres Diacope ou Genyoroge, Mesoprion et Evoplites) ne sont que d'une valeur relative, même comme caractères spécifiques. La grande dent préoperculaire en forme d'épine que j'ai trouvée le premier dans des individus du très-jeune âge du Lutjanus bengalensis, se retrouve dans les très-jeunes de plusieurs autres espèces où il n'en reste même pas de vestiges dans les plus âgés. Le genre Evoplites Gill., fondé sur le Mesoprion pomacanthus qui ne représente que le très-jeune âge du Lutjanus bengalensis, n'est donc point admissible. — Plusieurs autres espèces à échancrure profonde du préopercule ne montrent cette particularité que dans les individus adultes ou d'une adolescence avancée. Et quant au groupe de dents linguales, dans les espèces où il est constant dans les individus d'un certain âge il manque ordinairement dans les jeunes.

J'ai réussi, pour bien reconnaître les nombreuses espèces du genre, à trouver d'excellents caractères et d'une valeur absolue, dans l'écaillure, dont les détails ont été trop négligés par les auteurs. Les nombres des rangées d'écailles, tant longitudinales que transversales, et le nombre d'écailles dans ces rangées, sont, dans les Lutjanus, d'une constance étonnante et indépendants de l'âge des individus. — La direction des rangées longitudinales d'écailles presente un caractère essentiel pour grouper les espèces. — Dans l'écaillure de la tête enfin on trouve des caractères non moins importants, plusieurs espèces ayant le front et le vertex entièrement squammeux, tandis que la plupart ont le dessus de la tête dénué d'écailles. — Je trouve de bons caractères encore dans le nombre des rangées d'écailles du préopercule ou de la joue, dans la nature écailleuse ou nue de la peau du sousorbitaire et de la région postoculaire supérieure, dans les formules des épines et des rayons de la dorsale et de l'anale, dans la forme de ces nageoires et dans la dentition de l'intérieur de la bouche. — Bon nombre de Lutjans aussi sont parfaitement à distinguer par le système de coloration, mais les couleurs s'altérant ou disparaissant plus ou moins par l'exposition prolongée à la lumière ou par une conservation prolongée dans la liqueur, il est essentiel de pouvoir déterminer les espèces aussi sans connaitre les détails de leur coloration.

Dans l'exposé diagnostique des espèces insulindiennes qui va suivre les caractères susdits ont été d'une grande utilité. Ceux des couleurs n'y sont mentionnés qu'en dernier lieu. Il est essentiel encore de noter que, lorsqu'il est parlé, dans le tableau synoptique, de la nature de l'échancrure préoperculaire et de la présence de dents linguales, cela s'entend toujours d'individus adultes ou de l'adolescence avancée.

I. Dents intermaxillaires de la rangée externe courbées en bas. Canines fortes et courbées. Dents intermaxillaires latérales externes fort inégales en partie canines ou caninoïdes.

A. Rangées longitudinales d'écailles au-dessus de la ligne latérale parallèles au profil du dos, celles au-dessous de la ligne latérale horizontales. 10 Epines dorsales. Dorsale molle obtuse et arrondie. Groupe ou bande de dents vomériennes en forme de △ ou de ∧. Échancrure préoperculaire fort superficielle. Profil rostro-frontal droit ou concave. Os sousorbitaire sans écailles.

a. Le dessus de la tête et la région susoculaire postérieure sans écailles.

aa. 60 rangées transversales d'écailles au-dessus, 50 au-dessous de la ligne latérale. – 25 écailles sur une rangée transversale dont 7 ou 8 au-dessus de la ligne latérale. Préopercule à 8 ou 9 rangées d'écailles. D. 10/15 ou 10/16. A. 3/9 ou 3/10. Le 4e rayon dorsal prolongé en filet. Corps à 6 bandelettes longitudinales bleues. Langue lisse.

1. *Lutjanus nematophorus* Blkr.

bb. 55 à 57 rangées transversales d'écailles au-dessus, 50 au-dessous de la ligne latérale. – 25 écailles sur une rangée transversale dont 6 ou 7 au-dessus de la ligne latérale. Préopercule à 6 ou 7 rangées d'écailles. D. 10/13 ou 10/14. A. 3/8 ou 3/9. Langue lisse. Corps sans bandes mais à large tache latérale noirâtre sous le milieu de la dorsale molle.

2. *Lutjanus fuscescens* Blkr.

cc. 45 ou 46 rangées transversales d'écailles tant au-dessus qu'au-dessous de la ligne latérale. 20 Écailles sur une rangée transversale, dont 6 ou-dessus de la ligne latérale. Préopercule à 5 rangées d'écailles. Dents linguales. D. 10/13 ou 10/14. A. 3/8 ou 3/9. Épine dorsale postérieure plus longue que la pénultième. Corps à grande tache latérale noirâtre située en partie sous la dorsale épineuse.

3. *Lutjanus oligolepis* Blkr.

b. Partie postérieure de l'occiput et région susoculaire postérieure squammeuses.

aa. 50 rangées transversales d'écailles au-dessus, 45 au dessous de la ligne latérale. 20 ou 21 écailles sur une rangée transversale dont 6 ou 7 au-dessus de la ligne latérale. Préopercule à 7 ou 8 rangées d'écailles. Dents linguales, D. 10/13 ou 10/14. A. 3/8 ou 3/9. Base de chaque écaille du corps à tache profonde. Corps à large tache noirâtre sous le commencement de la dorsale molle.

4. *Lutjanus Johni* Blkr.

B. Rangées longitudinales d'écailles au-dessus de la ligne latérale fort obliques montant vers le profil dorsal.

a. Dessus de la tête (front, vertex, occiput et région susoculaire postérieure) squammeux. Rangées longitudinales d'écailles au-dessous de la ligne latérale horizontales. Dorsale molle obtuse et arrondie, plus longue que haute.

aa. Groupe de dents vomériennes en forme de ◇ ou de ⍋. Echancrure préoperculaire presque nulle, fort superficielle. Dents linguales. Os sousorbitaire sans écailles. Nageoires jaunâtres.

† 10 épines dorsales. Limbe préoperculaire plus ou moins squammeux.

♂ 80 rangées transversales d'écailles au-dessus, 70 au-dessous de la ligne latérale. 33 à 35 écailles sur une rangée transversale, dont 10 ou 11 au-dessus de la ligne latérale. Préopercule à 9 ou 10 rangées d'écailles. D. 10/15 ou 10/16. A. 3/9 ou 3/10. Corps bleuâtre à larges bandelettes longitudinales dorées.

5. *Lutjanus chrysotaenia* Blkr.

♂' 65 à 70 rangées transversales d'écailles au-dessus de la ligne latérale. D. 10/13 à 10/15. A. 3/8 ou 3/9. Préopercule à 6 ou 7 rangées d'écailles. Corps rose.

♀ 60 rangées transversales d'écailles au-dessous de la ligne latérale. 22

ou 23 écailles sur une rangée transversale dont 6 ou 7 au-dessus de la ligne latérale. Corps à bandelette oculo-caudale brune.

6. *Lutjanus vitta* Blkr.

♀' 52 rangées transversales d'écailles au-dessous de la ligne latérale. 19 ou 20 écailles sur une rangée transversale dont 5 ou 6 au-dessus de la ligne latérale. Corps à stries longitudinales dorées.

7. *Lutjanus lutjanus* Bl.

†' 11 épines dorsales. D. 11/11 à 11/13. A. 3/8 ou 3/9. Préopercule à 5 ou 6 rangées d'écailles.

♂ 60 à 63 rangées transversales d'écailles au-dessus, 48 à 50 au-dessous de la ligne latérale. 17 ou 18 écailles sur une rangée transversale dont 4 ou 5 au-dessus de la ligne latérale. Limbe préoperculaire squammeux. Corps rose à stries longitudinales dorées.

8. *Lutjanus erythropterus* Bl.

♂ 65 rangées transversales d'écailles au-dessus, 52 au-dessous de la ligne latérale. 20 écailles sur une rangée transversale dont 5 au-dessus de la ligne latérale. Limbe préoperculaire dénué d'écailles. Corps violâtre à large bandelette oculo-caudale brune. Dos à tache nacrée près du milieu de la base de la dorsale épineuse et de la dorsale molle.

9. *Lutjanus biguttatus* Blkr.

bb. Bandelette de dents vomériennes en forme de Λ. Préopercule à limbe squammeux et à échancrure profonde et étroite. Point de dents linguales. Préopercule à 6 jusqu'à 8 rangées d'écailles. A. 3/7 à 3/9.

† 80 à 85 rangées transversales d'écailles au-dessus, 68 à 70 au-dessous de la ligne latérale. 28 à 30 écailles sur une rangée transversale dont 8 à 9 au-dessus de la ligne latérale. Sousorbitaire sans écailles. D. 10/15 ou 10/16 ou 11/14 ou 11/15. Corps jaune à bandelettes longitudinales bleues.

10. *Lutjanus bengalensis* Blkr.

†' 68 à 70 rangées transversales d'écailles au-dessus, 55 à 60 au-dessous de la ligne latérale. 25 écailles sur une rangée transversale, dont 6 ou 7 au-

dessus de la ligne latérale. Sousorbitaire à écailles. D. 10/14 à 10/16. Corps jaune à bandelettes longitudinales bleues.

11. *Lutjanus quinquelineatus* Blkr.

†'' 65 rangées transversales d'écailles au-dessus, 53 au-dessous de la ligne latérale. 24 ou 25 écailles sur une rangée transversale, dont 7 ou 8 au-dessus de la ligne latérale. Sousorbitaire sans écailles. D. 11/13 ou 11/14 ou 10/14 ou 10/15. Corps rose à bandelettes longitudinales dorées.

12. *Lutjanus amboinensis* Blkr.

b. Dessus de la tête dénué d'écailles.

aa. Rangées longitudinales d'écailles au-dessous de la ligne latérale plus ou moins obliques. 10 à 12 épines dorsales. Langue sans dents. Corps rose.

† Dorsale molle obtuse et arrondie, plus longue que haute ou aussi haute que longue. Bande de dents vomériennes en forme de Λ.

¿ 74 à 80 rangées transversales d'écailles au-dessus, 63 à 70 au-dessous de la ligne latérale. 32 à 34 écailles sur une rangée transversale dont 9 ou 10 au-dessus de la ligne latérale. Préopercule à 6 ou 7 rangées d'écailles et à échancrure peu profonde. D. 11/13 à 11/15. A. 3/9 ou 3/10. Corps à stries ou bandelettes longitudinales brunâtres. Dos de la queue à tache brune ou rose.

13. *Lutjanus chirtah* Blkr.

¿' 70 à 73 rangées transversales d'écailles au-dessus, 64 à 65 au-dessous de la ligne latérale. 26 ou 27 écailles sur une rangée transversale dont 7 ou 8 au-dessus de la ligne latérale. Préopercule à 5 ou 6 rangées d'écailles et à échancrure fort profonde et étroite. D. 10/14 ou 10/15. A. 3/8 ou 3/9. Corps à stries longitudinales et obliques brunâtres. Queue violâtre ou noirâtre.

14. *Lutjanus butonensis* Blkr.

¿'' 64 à 66 rangées transversales d'écailles au-dessus, 56 à 58 au-dessous de la ligne latérale. 25 écailles sur une rangée transversale dont 6 à 7 au-dessus de la ligne latérale. Préopercule à 6 rangées d'écailles et à échancrure peu profonde. D. 12/13 ou 12/14. A. 3/8 ou 3/9. Corps à cinq bandelettes longitudinales et obliques brunâtres.

15. *Lutjanus dodecacanthoides* Blkr.

†' Dorsale molle anguleuse et pointue, plus haute que longue. Groupe de dents vomériennes en forme de △. Environ 64 rangées transversales d'écailles au-dessus de la ligne latérale.

ȯ 52 à 55 rangées transversales d'écailles au-dessous de la ligne latérale. 26 à 28 écailles sur une rangée transversale dont 7 ou 8 au-dessus de la ligne latérale. Préopercule à 7 jusqu'à 9 rangées d'écailles et à échancrure peu profonde. D. 11/14 ou 11/15; ou 12/13 ou 12/14. A. 3/8 ou 3/9. Corps à stries longitudinales dorées. Dos de la queue à tache nacrée.

16. *Lutjanus malabaricus* Blkr.

ȯ' 60 rangées transversales d'écailles au-dessous de la ligne latérale. 31 ou 32 écailles sur une rangée transversale dont 8 au-dessus de la ligne latérale. Préopercule à 6 rangées d'écailles et à échancrure assez profonde. D. 11/16 ou 11/17. A. 3/10 ou 3/11. Corps à trois larges bandes brunâtres et transversales, la postérieure fortement courbée en arrière.

17. *Lutjanus Sebae* Blkr.

bb. Rangées longitudinales d'écailles au-dessous de la ligne latérale horizontales. Limbe préoperculaire dénué d'écailles. Dorsale molle obtuse et arrondie. D. 10/13 à 10/16. A. 3/8 ou 3/9.

† Groupe de dents vomériennes en forme de △ ou de ◇. Dents linguales.

ȯ 64 ou 65 rangées transversales d'écailles au-dessus, 52 à 54 au-dessous de la ligne latérale.

♀ 25 à 26 écailles sur une rangée transversale. Groupe vomérien en forme de △. Préopercule à 8 rangées d'écailles.

♁ 6 écailles au-dessus de la ligne latérale. Préopercule à échancrure presque nulle ou fort superficielle. Corps olivâtre à 8 bandes transversales brunâtres. Queue à large tache noirâtre.

18. *Lutjanus semicinctus* Blkr.

♁' 7 écailles au-dessus de la ligne latérale. Préopercule à échancrure profonde. Corps violâtre ou rose, à stries longitudinales brunâtres. Dos à deux taches nacrées ou roses, l'une sous les dernières épines l'autre sous les derniers rayons de la dorsale.

19. *Lutjanus bohar* Blkr.

♀' Préopercule à 6 rangées d'écailles et à échancrure presque nulle ou fort superficielle. Groupe vomérien en forme de ⍙ ou de ◇. Corps rose à bandelettes ou stries longitudinales dorées. Nageoires jaunes.

ǯ 22 ou 23 écailles sur une rangée transversale dont 6 ou 7 au-dessus de la ligne latérale. Profil concave. Anale à bord inférieur droit.

20. *Lutjanus rangus* Blkr.

ǯ' 20 ou 21 écailles sur une rangée transversale dont 5 ou 6 au-dessus de la ligne latérale. Profil droit ou convexe. Anale à bord inférieur convexe. Une large tache latérale noirâtre et oblongue sous la moitié antérieure de la dorsale molle.

21. *Lutjanus fulviflamma* Blkr.

ꝺ' Bande de dents vomériennes en forme de Λ.

♀ 65 à 70 rangées transversales d'écailles au-dessus de la ligne latérale. Préopercule à 6 ou 7 rangées d'écailles. 25 à 27 écailles sur une rangée transversale.

ǯ 52 à 55 rangées transversales d'écailles au-dessous de la ligne latérale.

♀ 7 ou 8 écailles au-dessus de la ligne latérale. Echancrure préoperculaire presque nulle. Dents linguales. Corps rose à stries longitudinales dorées. Caudale à large bande transversale sémilunaire noirâtre.

22. *Lutjanus lunulatus* Blkr.

♀' Corps à deux bandelettes longitudinales noirâtres, la supérieure oculo-caudale, l'inférieure maxillo-anale. Langue sans dents.

23. *Lutjanus melanotaenia* Blkr.

♀'' 8 à 9 écailles au-dessus de la ligne latérale. Langue lisse. Echancrure préoperculaire profonde et étroite. Corps à stries longitudinales dorées ou violâtres. Dorsale à large bordure noirâtre. Caudale violâtre.

24. *Lutjanus flavipes* Blkr.

ǯ' 60 rangées transversales d'écailles au-dessous de la ligne latérale. 8 à 9 écailles au-dessus de la ligne latérale. Echancrure préoperculaire fort superficielle. Dents linguales. Corps à bande oculo-caudale brunâtre. Dorsale à large bordure brunâtre. Caudale violâtre.

25. *Lutjanus lineatus* Blkr.

♀' 60 rangées transversales d'écailles au-dessus, 50 à 52 au-dessous de la ligne latérale. 20 à 23 écailles sur une rangée transversale dont 6 à 8 au-dessus de la ligne latérale. Préopercule à échancrure peu profonde ou presque nulle.

♂ Préopercule à 6 ou 7 rangées d'écailles. Langue lisse.

♀ Anale à bord inférieur convexe et arrondi. Corps à stries longitudinales dorées. Dorsale bordée de noirâtre. Caudale violâtre.

26. *Lutjanus marginatus* Blkr.

♀' Anale à bord inférieur droit. Corps à tache latérale noirâtre sous la partie antérieure de la dorsale molle.

27. *Lutjanus lioglossus* Blkr.

♂' Préopercule à 7 ou 8 rangées d'écailles. Dents linguales.

♀ 7 ou 8 écailles au-dessus de la ligne latérale. Corps à plusieurs bandelettes longitudinales et obliques dorées et à tache latérale noirâtre sous la moitié antérieure de la dorsale molle.

28. *Lutjanus Russelli* Blkr.

♀' 6 ou 7 écailles au-dessus de la ligne latérale. Corps verdâtre à 5 bandes longitudinales brunâtres les supérieures croisées par des bandes transversales. Queue à large tache noirâtre.

29. *Lutjanus decussatus* Blkr.

♀'' Moins de 60 rangées transversales d'écailles au-dessus de la ligne latérale.

♂ 54 à 56 rangées transversales d'écailles au-dessus, 50 à 52 au-dessous de la ligne latérale. 25 écailles sur une rangée transversale dont 8 au-dessus de la ligne latérale. Préopercule à 6 ou 7 rangées d'écailles et à échancrure profonde et étroite.

Langue lisse. Corps rougeâtre. Tête à plusieurs bandelettes longitudinales bleues. Ecailles du corps à gouttelette nacrée. Ligne latérale à tache nacrée cerclée de noirâtre sous la partie anterieure de la dorsale molle.

30. *Lutjanus rivulatus* Blkr.

ɓ' 47 à 52 rangées transversales d'écailles au-dessus, 41 à 44 au-dessous de la ligne latérale. 20 écailles sur une rangée transversale dont 6 ou 7 au-dessus de la ligne latérale. Préopercule à 8 rangées d'écailles et à échancrure presque nulle. Dents linguales. Corps verdâtre. Base des écailles à tache violâtre ou brunâtre. Région sousoculaire à une ou deux bandelettes longitudinales bleuâtres.

31. *Lutjanus argentimaculatus* Blkr.

II. Dents canines intermaxillaires et inframaxillaires antérieures coniques et presque droites. Dents intermaxillaires latérales externes courbées en avant, les inframaxillaires latérales externes petites et nombreuses. A. 3/10 à 3/12. Profil fort convexe.

A. Rangées longitudinales d'écailles obliques au-dessus, horizontales au-dessous de la ligne latérale. Dessus de la tête dénué d'écailles. Dorsale et anale molles anguleuses et pointues. D. 10/13 à 10/15, à partie épineuse largement squammeuse à la base.

a. 70 rangées transversales d'écailles au-dessus, 65 au-dessous de la ligne latérale. 28 à 30 écailles sur une rangée transversale dont 8 au-dessus de la ligne latérale. Préopercule à 6 jusqu'à 8 rangées d'écailles et à échancrure profonde et étroite. Langue lisse. Dessus du corps et nageoires noirâtres ou brunes. Dos à larges taches roses ou nacrées, disparaissant dans les adultes.

32. *Lutjanus macolor* Blkr.

Lutjanus nematophorus Blkr, Atl. ichth. Tab. 285, Perc. tab. 7 fig. 3.

Lutj. corpore oblongo compresso, altitudine $2\frac{3}{5}$ circ. in ejus longitudine absque-, 3 et paulo in ejus longitudine cum pinna caudali; latitudine corporis $2\frac{1}{2}$ circ. in ejus altitudine; capite acuto $2\frac{4}{5}$ circ. in longitudine corporis absque-, $3\frac{2}{3}$ ad $3\frac{1}{2}$ in longitudine corporis cum pinna caudali; altitudine capitis $1\frac{1}{3}$ circ.-, latitudine capitis $2\frac{1}{3}$ circ. in ejus longitudine; linea rostro-frontali rectiuscula vel concaviuscula; vertice, fronte et regione supraoculari posteriore alepidotis; oculis diametro $3\frac{3}{4}$ ad 4 in longitudine capitis, diametro $\frac{3}{4}$ circ. distantibus; rostro acuto non convexo, apice paulo infra oculi marginem inferiorem sito, oculo longiore; naribus distantibus anterioribus posterioribus minoribus; osse suborbitali sub oculo oculi diametro longitudinali minus duplo humiliore, ubique alepidoto; maxillis subaequalibus, superiore sub pupilla desinente 2 circ. in longitudine capitis; maxillis dentibus serie externa utroque latere antice caninis vel caninoideis, quorum canino intermaxillari simplice vel duplice magno, ceteris inaequalibus inframaxillaribus mediis ceteris paulo majoribus; dentibus vomerinis in vittam ∧ formem-, palatinis utroque latere in vittam gracilem dispositis; lingua edentula; praeoperculo squamis in series 8 vel 9 transversas dispositis, margine libero postice et inferne denticulato dentibus angularibus ceteris majoribus, supra angulum incisura nulla vel subnulla; fascia squamarum temporali bene distincta, minus duplo longiore quam lata; squamis corpore angulum aperturae branchialis superiorem inter et basin pinnae dorsalis supra lineam lateralem in series 60 circ. transversas, infra lineam lateralem in series 50 circ. transversas dispositis; squamis 25 circ. in serie transversali anum inter et pinnam dorsalem, 7 vel 8 lineam lateralem inter et dorsalem spinosam mediam, 12 vel 13 in serie longitudinali occiput inter et pinnam dorsalem; lateribus seriebus squamarum longitudinalibus supra lineam lateralem lineae dorsali parallelis non obliquis, infra lineam lateralem horizontalibus; cauda parte libera aeque longa circ. ac postice alta; dorsali spinosa spinis mediocribus validis mediis ceteris longioribus corpore plus triplo humilioribus spinis 2 posticis subaequalibus radio 1° brevioribus; dorsali radiosa basi late squamata, parte spinosa multo altiore, radio 4° in filum producto, absque radio 4° altiore quam longa, antice quam medio et postice altiore, margine superiore convexa; pectoralibus analem non attingentibus capite absque rostro vix longioribus; ventralibus acutis analem non attingentibus capite absque rostro brevioribus; anali spinis validis 3ª 2ª longiore, parte radiosa dorsali radiosa absque ejus filo non humiliore duplo circ. altiore quam longa antice quam medio et postice altiore margine inferiore convexa; caudali extensa truncata capite absque rostro non longiore; colore corpore superne viridescente-roseo, inferne dilute aurantiaco; iride rosea; fronte inter oculos vitta transversa et rostro utroque latere vitta obliqua oculum attingente coeruleis nigricante limbatis; corpore utroque latere vittis 6 longitudinalibus coeruleis vel margaritaceis nigricante limbatis, vitta superiore nucha incipiente et basi radiorum dorsalium anteriorum desinente, vitta 2ª occipite incipiente et mediam basin dorsalis radiosae attingente, vitta 3ª orbita superne incipiente et basin posticam dorsalis radiosae attingente, vitta 4ª regione temporali incipiente et dorso caudae desinente, vitta 5ª osse suborbitali inferne incipiente oculum versus adscendente et basi pinnae caudalis desinente, vitta 6ª parum conspicua axillo-caudali vittae 5ªe parallela; pinnis aurantiacis, dorsali spinosa leviter violascente; ventralibus antice apiceque violaceis.

B. 7. D. 10/15 vel 10/16. P. 2 14. V. 1/5. A. 3/9 vel 3/10. C. 1/15/1 et lat. brev.

Syn. *Mesoprion nematophorus* Blkr, Act. Soc. Scient. Ind Neerl. VIII, Dertiende bijdr. vischf. Celebes, p. 56.

Hab. Singapura; Celebes (Badjoa, Lagusi), in mari et in fluviis.

Longitudo 2 speciminum 86''' et 88'''.

Rem. Le Lutjanus nematophorus et les trois espèces, dont la description va suivre, se distinguent de toutes les autres espèces insulindiennes connues par la direction des écailles au-dessus de la ligne latérale, dont les rangées longitudinales ne montent point obliquement en arrière vers le profil dorsal mais sont disposées parallèlement à ce profil. Ces caractères me paraîssent fort importants pour une division des espèces de Lutjanus et ont l'avantage aussi d'être d'une application facile, mais ils ont été négligés par presque tous les auteurs.

Les espèces extra-archipélagiques à rangées horizontales ou parallèles au profil dorsal sont probablement assez nombreuses. M. Day en indique deux dans ses »Fishes of Malabar" sous les noms de Mesoprion rubellus et de Mesoprion sillaoo. Les Lutjanus griseus et acutirostris de l'Atlantique et les Lutjanus guineënsis, modestus et agennes de la côte de Guinée sont du même groupe, et je ne doute pas qu'une révision des Lutjans de l'Atlantique, de la Mer des Indes et de l'Océan Pacifique en fasse reconnaître plusieurs autres.

Pour ce qui regarde les quatre espèces insulindiennes, elles se font parfaitement distinguer les unes des autres par l'écaillure de la tête, par les formules des écailles et des rayons et par les couleurs. Le nematophorus est parfaitement reconnaissable aux 60 rangées transversales d'écailles au-dessus de la ligne latérale, aux 8 ou 9 rangées transversales et obliques des écailles préoperculaires, aux 15 ou 16 rayons de la dorsale, aux 9 ou 10 rayons de l'anale, aux bandelettes longitudinales bleues du corps, et surtout au prolongement filiforme du 4e rayon de la dorsale, caractère que je ne trouve cité d'aucune autre espèce. Je ne sais pas si l'espèce atteint de plus grandes dimensions que celles du plus grand de mes individus, mais ceux-ci ont l'air d'appartenir à un âge déjà assez avancé. Il se pourrait bien que dans les individus de plus grande taille on trouvât des dents linguales, mais la présence de ces dents bien qu'assez générale dans le groupe (je les trouve aussi dans le griseus, guineënsis, modestus et agounes) n'est point un caractère constant, puisqu'elles manquent p. e. même dans les plus grands individus que je possède du fuscescens.

Lutjanus fuscescens Blkr, Sept. notic. ichth. Céram, Ned. T. Dierk. II p. 257 ; Atl. ichth. Tab. 521, Perc. tab. 43 fig. 3.

Lutj. corpore oblongo compresso, altitudine $2\frac{2}{3}$ ad $2\frac{5}{6}$ in ejus longitudine absque- $3\frac{1}{3}$ ad $5\frac{3}{5}$ in ejus longitudine cum pinna caudali; latitudine corporis 2 circ. in ejus altitudine; capite acuto $2\frac{2}{3}$ ad $2\frac{5}{6}$ in longitudine corporis absque-, $5\frac{1}{3}$ ad $5\frac{3}{5}$ in longitudine corporis cum pinna caudali; altitudine capitis $1\frac{1}{3}$ circ.-, latitudine capitis 2 ad 2_3 in ejus longitudine; linea rostro-frontali recta vel concaviuscula; vertice fronte et regione supraoculari posteriore alepidotis; oculis diametro 4 ad 5 in longitudine capitis, diametro $\frac{3}{4}$ ad 1 distantibus; rostro acuto non convexo apice ante oculi marginem inferiorem sito, oculo sat multo longiore; naribus approximatis anterioribus valvatis posterioribus oblongis vel rimaeformibus paulo ad non minoribus; osse suborbitali sub oculo oculi diametro longitudinali duplo ad sat multo humiliore ubique alepidoto; maxillis aequalibus, superiore sub pupilla desinente $2\frac{1}{3}$ ad $2\frac{3}{5}$ in longitudine capitis; maxillis dentibus serie externa utroque latere anticis caninis parvis vel caninoideis, ceteris mediocribus inaequalibus; dentibus vomerinis in thurmam triangularem-, palatinis utroque latere in vittam gracilem dispositis; lingua edentula; praeoperculo squamis in series 6 vel 7 transversas dispositis, limbo alepidoto, margine libero postice anguloque denticulato dentibus angulum versus ceteris majoribus, supra angulum incisura valde superficiali et valde aperta; squamis interoperculo uniserialis; fascia squamarum temporali sat bene distincta, squamis 7 circ. in serie longitudinali, squamis 1 ad 3 in serie transversali; squamis corpore angulum aperturae branchialis superiorem inter et basin pinnae caudalis supra lineam lateralem in series 55 ad 57 transversas, infra lineam lateralem in series 50 circ. transversas dispositis; squamis 25 circ. in serie transversali anum inter et basin pinnae dorsalis, 6 vel 7 lineam lateralem inter et dorsalem spinosam mediam, 12 circ.

in serie longitudinali occiput inter et pinnam dorsalem; lateribus seriebus squamarum longitudinalibus supra lineam lateralem lineae dorsali parallelis vel subparallelis, infra lineam lateralem horizontalibus; cauda parte libera aeque longa circ. ac postice alta; pinna dorsali parte spinosa non vel vix squamata, parte radiosa basi late squamata; dorsali spinosa spinis validis crassis mediis ceteris longioribus 2½ ad 3 in altitudine corporis, spina postica spina penultima et radio 1° breviore; dorsali radiosa dorsali spinosa paulo ad sat multo altiore, paulo ad non longiore quam alta, obtusa, rotundata, radiis mediis ceteris longioribus; pectoralibus analem non attingentibus capite absque rostro vix longioribus; ventralibus acutis analem fere attingentibus pectoralibus non vel paulo tantum brevioribus; anali spinis validis crassis 2ª et 3ª subaequalibus radio 1° multo brevioribus, parte radiosa dorsali radiosa non humiliore, multo altiore quam longa, obtusa, rotundata; caudali extensa truncatiuscula vel leviter emarginata angulis acutiuscula capite absque rostro vix longiore; colore corpore superne olivascente, inferne margaritaceo; iride flavescente vel rosea margine pupillari aurea; squamis dorso lateribusque singulis basi fuscescente-olivaceis; macula laterali magna rotunda obliqua sub medio dorsalis radiosae majore parte sub linea laterali sita; pinna dorsali spinosa maxima parte nigricante-fusca basi flavescente-aurantiaca; pinna dorsali radiosa pinnisque ceteris flavescente-aurantiacis, dorsali radiosa media altitudine-, anali radiosa dimidio anteriore- et caudali postice violaceis; ventralibus antice fuscescentibus; pectoralibus basi macula fuscescente.

B. 7. D. 10/13 vel 10/14. P. 2/15. V. 1/5. A. 3 8 vel 3/9. C. 1/15/1 et lat. brev.

Syn. *Mesoprion fuscescens* CV., Poiss. VI, p. 405; Blkr, Tweede bijdr. ichth. Batjan, Nat. T. Ned. Ind. IX p. 197; Günth., Cat. Fish. I p. 201.
Mesoprion hoteen Rich., Rep. ichth. China, in Rep. 15ʰ meet. Brit. Assoc. p. 229.

Hab. Celebes (Manado); Batjan (Labuha); Ceram (Ruwata); in fluviis.

Longitudo 3 speciminum 120‴ ad 280‴.

Rem. Par la physionomie cette espèce ressemble beaucoup au Psammoperca waigiensis. C'est une des rares espèces du genre qui aiment les embouchures des fleuves et il mérite d'être noté qu'aussi le nematophorus et le Johnii, espèces à rangées d'écailles surlatérales horizontales, montent plus ou moins les eaux douces. Le fuscescens est caractérisé dans son groupe par es 55 à 57 rangées transversales d'écailles au-dessus de la ligne latérale, par l'absence de dents linguales, par les 6 ou 7 rangées d'écailles préoperculaires et par la position de la tache latérale noire sous le milieu de la dorsale molle.

Lutjanus oligolepis Blkr.

Lutj. corpore oblongo compresso, altitudine $2\frac{3}{4}$ ad 3 in ejus longitudine absque-, $3\frac{1}{2}$ ad 4 fere in ejus longitudine cum pinna caudali; latitudine corporis 2 ad $2\frac{1}{4}$ in ejus altitudine; capite acuto $2\frac{3}{4}$ ad 3 fere in longitudine corporis absque-, $3\frac{1}{2}$ ad 4 fere in longitudine corporis cum pinna caudali; altitudine capitis 1 et paulo-, latitudine capitis 2 ad $2\frac{1}{4}$ in ejus longitudine; linea rostro-frontali rectiuscula vel concaviuscula; vertice, fronte et regione supraoculari posteriore alepidotis; oculis diametro 3 et paulo ad 3 in longitudine capitis, diametro $\frac{3}{5}$ ad 1 fere distantibus; rostro acuto non convexo, apice ante pupillam sito, oculo sat multo ad vix breviore; naribus distantibus non valvatis anterioribus posterioribus vulgo minoribus; osse suborbitali sub oculo oculi diametro longitudinali triplo circ. humiliore, ubique alepidoto; maxillis subaequalibus, superiore sub pupilla desinente $2\frac{1}{3}$ ad $2\frac{1}{2}$ in longitudine capitis; maxillis dentibus serie externa utroque latere antice caninis vel caninoideis quorum canino intermaxillari sat magno, ceteris inaequalibus mediis ceteris conspicue majoribus; dentibus vomerinis in thurmam triangularem-, palatinis utroque latere in vittam gracillimam-, lingualibus media lingua in thurmam oblongam dispositis; praeoperculo squamis in series 5 transversas dispositis, limbo alepidoto, margine libero postice et inferne denticulato dentibus angularibus ceteris majoribus, supra angulum incisura superficiali et valde aperta; interoperculo squamis uniseriatis; fascia squamarum temporali bene distincta, squamis 6 vel 7 in serie longitudinali, 1 ad 3 in serie transversali; squamis corpore angulum aperturae branchialis superiorem inter et basin pinnae caudalis supra et infra lineam lateralem in series 45 vel 46 transversas dispositis; squamis 20 in serie transversali anum inter et pinnam dorsalem, 6 lineam lateralem inter et dorsalem spinosam mediam, 9 vel 10 in serie longitudinali occiput inter et pinnam dorsalem; lateribus seriebus squamarum longitudinalibus supra lineam lateralem lineae dorsali parallelis, non obliquis, infra lineam lateralem horizontalibus; cauda parte libera aeque longa circ. ac postice alta; pinna dorsali parte spinosa alepidota vel basi spinarum tantum leviter squamata, parte radiosa basi late squamata;

dorsali spinosa spinius gracilibus 4ª 5ª et 6ª celeris longioribus 2 ad 2¼ in altitudine corporis, spina postica spina penultima conspicue longiore radio 1° breviore; dorsali radiosa dorsali spinosa non altiore, sat multo sed multo minus duplo longiore quam alta, antice quam medio et postice vulgo altiore margine superiore convexa; pectoralibus analem attingentibus vel subattingentibus capite paulo brevioribus; ventralibus acutis capite absque rostro non longioribus; anali spinis validis 3ª 2ª vulgo longiore, parte radiosa dorsali radiosa altiore, sat multo altiore quam longa, antice quam medio et postice altiore margine inferiore convexa vel rectiuscula; caudali extensa truncata angulis acuta capite absque rostro longiore; colore corpore superne roseo vel violascente, inferne roseo-margaritaceo; iride rosea vel flava; lateribus singulis seriebus squamarum longitudinalibus vittula aurea; macula magna rotunda nigra vel fusca aurantiaco vel flavo annulata, majore parte sub dorsalis radiosae parte anteriore sita, tertia parte inferiore linea laterali perforata; pinnis flavis vel aurantiacis.

B. 7. D. 10/13 vel 10/14. P. 2/13 vel 2/14. V. 1/5. A. 3/8 vel 3/9. C. 1/15/1 et lat. brev.

Syn. *Mesoprion Ehrenbergii* Pet., N. Fisch. Berl. Zool. Mus., Monatsber. Ak. Wiss. 1869, p. 704??

Diacope Ehrenbergii Klunz., Syn. Fisch. R. M., Verh. zoöl. bot. Ges. Wien XX, p. 701??

Djambian Mal. Batav.

Hab. Sumatra (Padang); Java (Batavia); Celebes (Macassar); Ternata, Amboina; in mari.

Longitudo 7 speciminum 116''' ad 228'''.

Rem. Il se pourrait bien que l'oligolepis ne soit pas distinct du Mesoprion Ehrenbergii Pet., mais la description de cette espèce parle de 48 écailles dans la ligne latérale. Du reste il n'est rien dit, dans cette description, ni de la direction des rangées d'écailles, ni aussi de plusieurs détails qui pourraient faire juger de l'identité ou de la non-identité spécifique. — Le Mesoprion aurolineatus CV. aussi paraît être voisin de l'oligolepis, mais il en est dit expressément que le dos est rayé obliquement de brun. La figure d'une espèce du même nom, publiée par M. Day (Fish. Malab. tab. 3), présente, elle-aussi, ces raies obliques et l'auteur en dit qu'elle a les épines fortes et la 2e épine anale beaucoup plus longue que la 3e et l'épine dorsale postérieure plus courte que la pénultième. Puis aussi, bien que M. Day donne la formule des écailles = L. l. 46 l. tr. 7/13, il ne dit pas si la formule de 46 est prise au-dessus ou au-dessous de ligne latérale mais la figure en montre beaucoup plus au-dessus de cette ligne et ces écailles sont disposées en séries fort obliques. — L'oligolepis présente ceci de particulier que les rangées transversales d'écailles sont au nombre de 45 ou 46 seulement, tant celles au-dessus que celles au-dessous de la ligne latérale; que l'épine dorsale postérieure est plus longue que la pénultième; que la troisième épine anale n'est pas plus courte que la seconde et que la tache latérale noire se trouve en partie sous la dorsale épineuse. S'il vient d'être démontré que l'Ehrenbergi ne soit pas distinct, l'espèce habite aussi la Mer rouge et devra conserver le nom proposé par M. Peters.

Parmi les espèces extra-archipélagiques à rangées d'écailles suslatérales horizontales, je trouve un nombre égal de rangées transversales au-dessus de la ligne latérale (45 ou 46) dans les Lutjanus agennes et modestus, mais dans ces deux espèces guinéennes le nombre des rangées transversales sous-latérales n'est que de 40 ou de 41, et celui des rangées horizontales entre la ligne latérale et les épines dorsales médianes seulement de 5 (4½). Du reste ces espèces ont une physionomie assez différente de l'oligolepis et s'en distinguent aussi par les couleurs, etc.

Une autre espèce encore du même groupe, habitant les eaux de Cuba et réprésentée au Muséum de Leide par un seul individu, étiqueté Mesoprion acutirostris Cuv., espèce dont je ne trouve point de description publiée, a les écailles encore moins nombreuses. Je n'y compte que 42 rangées transversales au-dessus et que 38 au-dessous de la ligne latérale, et puis 18 écailles sur une rangée transversale dont 5 au-dessus de la ligne latérale. C'est une espèce sans tache latérale, à vertex et à région susoculaire postérieure sans écailles, à dents linguales, à groupe vomérien en forme de ⊤, à formule de rayons = D. 10/14 ou 10/15 et A. 3/8 et 3/9, à dorsale molle arrondie et aussi haute que longue, et à 2e épine anale beaucoup plus forte que la 3e. Les écailles y présentent encore cette particularité que les rangées longitudinales au-dessous de la ligne latérale sont droites et horizontales sur la moitié antérieure et obliques et montant en arrière sur la moitié postérieure du tronc.

Lutjanus Johni Lac., Poiss. IV. p. 191.

Lutj. corpore oblongo compresso, altitudine $2\frac{1}{3}$ ad $2\frac{3}{4}$ in ejus longitudine absque-, 3 et paulo ad $3\frac{1}{2}$ in ejus longitudine cum pinna caudali; latitudine corporis 2 ad $2\frac{1}{5}$ in ejus altitudine; capite obtusiusculo $2\frac{3}{4}$ ad 3 in longitudine corporis absque-, $3\frac{1}{2}$ ad $3\frac{4}{5}$ in longitudine corporis cum pinna caudali; altitudine capitis 1 ad 1 et paulo-, latitudine capitis 2 ad $2\frac{1}{3}$ in ejus longitudine; linea rostro-frontali rectiuscula vel concaviuscula; vertice antice fronteque alepidotis; regione supraoculari posteriore et occipite squamatis; oculis diametro $3\frac{1}{2}$ ad 4 in longitudine capitis, diametro $\frac{1}{2}$ ad $\frac{2}{3}$ distantibus; rostro obtusiusculo non convexo, apice ante vel infra oculi marginem inferiorem sito, oculo paulo ad non breviore; naribus distantibus anterioribus valvatis posterioribus oblongis minoribus; osse suborbitali sub oculo oculi diametro longitudinali duplo ad multo minus duplo humiliore, ubique alepidoto; maxillis subaequalibus, superiore sub pupilla desinente $2\frac{1}{2}$ circ. in longitudine capitis; maxillis dentibus serie externa utroque latere antice caninis vel caninoideis quorum canino intermaxillari mediocri, ceteris inaequalibus mediis ceteris conspicue majoribus; dentibus vomerinis in vittam $\wedge$ vel Δ formem, palatinis utroque latere in thurmam oblongam dispositis; cute palato medio et postice denticulis scabra; lingua adolescentibus et actate provectis medio dentibus in thurmam oblongam dispositis, juvenilibus frequenter edentula; praeoperculo squamis in series 7 vel 8 transversas dispositis, limbo alepidoto, margine libero postice et inferne denticulato dentibus angularibus ceteris majoribus, supra angulum incisura nulla vel valde superficiali et valde aperta; interoperculo alepidoto vel squamis aliquot tantum uniseriatis; fascia squamarum temporali parum distincta, minus duplo longiore quam lata, squamis transversim et longitudinaliter pluriseriatis mediis periphericis majoribus; squamis corpore angulum aperturae branchialis superiorem inter et basin pinnae caudalis supra lineam lateralem in series 50 circ. transversas, infra lineam lateralem in series 45 circ. transversas dispositis; squamis 20 vel 21 in serie transversali anum inter et pinnam dorsalem, 6 vel 7 lineam lateralem inter et dorsalem spinosam mediam, 12 circ. in serie longitudinali occiput inter et pinnam dorsalem; lateribus seriebus squamarum longitudinalibus supra lineam lateralem lineae dorsali parallelis non obliquis, infra lineam lateralem horizontalibus; cauda parte libera aeque longa circ. ac postice alta; pinna dorsali parte spinosa non vel basi spinarum tantum squamata, parte radiosa basi late squamata; dorsali spinosa spinis validis 4ª 5ª et 6ª ceteris longioribus 2 ad 2 et paulo in altitudine corporis spinis 2 posticis subaequalibus radio 1° brevioribus; dorsali radiosa dorsali spinosa non ad vix altiore, non ad non multo longiore quam alta, obtusa, rotundata; pectoralibus analem attingentibus vel fere attingentibus capite vix brevioribus; ventralibus acutis analem non attingentibus capite absque rostro non longioribus; anali spinis validis 2ª 3ª vulgo longiore et fortiore, parte radiosa dorsali radiosa paulo ad non altiore, multo altiore quam longa, obtusa, rotundata, radiis mediis ceteris longioribus; caudali extensa truncata vel vix emarginata, angulis acuta, capite absque rostro non ad paulo longiore; colore corpore superne violascente-olivaceo vel olivascente, inferne dilutiore vel viridescente-margaritaceo; iride flavescente vel rosea; squamis dorso lateribusque singulis basi macula nigricante vel fuscescente, maculis dorso series longitudinales lineae dorsali parallelas-, maculis lateribus series longitudinales horizontales efficientibus; macula magna rotunda nigra vel fusca sub initio pinnae dorsalis radiosae annulo dilute viridi vel aurantiaco cincta et tertia parte inferiore linea laterali percussa; pinnis viridescentibus vel aurantiacis.

B. 7. D. 10/13 vel 10/14. P. 2/15. V. 1/5. A. 3/8 vel 3/9. C. 1/15/1 et lat. brev.

Syn. *Camboto* Ren., Poiss. Moll. I. tab. 31 fig. 172?

Anthias Johnii Bl., Ausl. Fisch. VI p. 113, tab. 318; Bl. Schn., Syst. p. 305.

Doondiawah. Japilli Russ., Fish., Corom. I p. 75, 76, fig. 95, 97.

Sparus tranquebaricus Shaw, Zool. IV p. 471.

Coius catus Ham. Buch., Fish. Gang. p. 90, tab. 31 fig. 30.

Mesoprion unimaculatus QG., Zool. Voy. Freyc. p. 304; CV., Poiss. II p. 353; Rich., Rep. ichth. Chin. Rep. 15[h] meet. Brit. Assoc. p. 223; Blkr, Verh. Bat. Gen. XXII, Perc. p. 42.

Mesoprion Johnii CV., Poiss. II p. 333; Cant., Catal. Mal. Fish. p. 13; Günth., Catal. Fish. I p. 200; Kner, Zool. Reise Nov., Fisch. p. 359; Day, Fish. Cochin. Proc. Zool. Soc. 1865 p. 8; Fish. Malab. p. 11.

Mesoprion yapilli CV., Poiss. II p. 366.

Mesoprion caudalis CV., Poiss. VI, p. 404.

Djenahah Mal., *Tambangan*, *Petchan*, *Tjabewatu* Javan.

Hab. Sumatra (Priaman, Siboga); Nias; Pinang; Singapura; Bintang (Rio); Bangka (Karanghadji); Duizend. ins; Java (Batavia, Bantam, Surabaya, Pasuruan, Tegal, Samarang); Madura (Kammal); Borneo (Sampit); Flores (Larantuca); Celebes (Macassar); Amboina; Waigiu; Luzon (Manilla); in mari.

Longitudo 16 speciminum 125''' ad 280'''.

Rem. Le Lutjanus Johnii est la seule des espèces insulindiennes, à rangées d'écailles suslatérales horizontales, où la région susoculaire postérieure et la région occipitale postérieure médiane sont squammeuses. Ce seul caractère suffirait donc déjà à reconnaître l'espèce, mais la distinction est facilitée encore par les formules des écailles du corps et du préopercule, par la présence de dents linguales, par la tache profonde sur la base des écailles du corps et par la position de la grande tache latérale noire sous le commencement de la dorsale molle.

Parmi les espèces extra-archipélagiques, voisines du Johni par le système de l'écaillure, je trouve des formules d'écailles peu différentes dans le griseus (ser. transv. $\frac{48}{40}$, ser. longit. $\frac{6(5\frac{1}{2})}{13}$) et dans le guineënsis (ser. transv. $\frac{50}{42}$; ser. long. $\frac{5(4\frac{1}{2})-6(5\frac{1}{2})}{13}$), mais dans ces deux formes l'occiput et la région susoculo-postérieure sont dénuées d'écailles. Elles se font distinguer du reste par plusieurs autres caractères.

Le Johni est fort commun dans l'Inde archipélagique quoiqu'on ne le pêche jamais en grandes quantités. Hors l'Insulinde il est connu habiter la côte orientale de l'Afrique, les côtes de l'Hindoustan et du Bengale, de la Nouvelle Hollande septentrionale et de Chine, et l'Océan Pacifique.

Lutjanus chrysotaenia Blkr, Onz. not. ichth. Ternate, Ned. Tijdschr. Dierk. I p. 233; Atl. ichth. Tab. 302. Perc. tab. 24 fig. 4.

Lutj. corpore oblongo compresso, altitudine $2\frac{3}{5}$ ad 3 fere in ejus longitudine absque-, $3\frac{1}{2}$ ad $3\frac{3}{5}$ in ejus longitudine cum pinna caudali; latitudine corporis 2 et paulo in ejus altitudine; capite acuto $2\frac{3}{5}$ ad 3 fere in longitudine corporis absque-, $3\frac{3}{5}$ ad $3\frac{3}{4}$ in longitudine corporis cum pinna caudali; altitudine capitis $1\frac{1}{3}$ ad $1\frac{1}{4}$-, latitudine capitis 2 ad 2 et paulo in ejus longitudine; linea rostro-frontali recta vel concaviuscula; vertice et fronte usque supra medios oculos squamatis; regione supraoculo-temporali dense squamata; oculis diametro $3\frac{1}{2}$ ad $4\frac{1}{4}$ in longitudine capitis, diametro $\frac{3}{5}$ ad 1 fere distantibus; rostro acuto non convexo apice ante vel infra oculi marginem inferiorem sito, oculo vix breviore ad conspicue longiore; naribus distantibus anterioribus valvatis posterioribus oblongis minoribus; osse suborbitali sub oculo oculi diametro longitudinali plus duplo ad paulo humiliore postice superne squamulato; maxillis aequalibus, superiore sub pupilla desinente $2\frac{1}{4}$ ad $2\frac{1}{3}$ in longitudine capitis; maxillis dentibus serie externa utroqne latere anticis caninis vel caninoideis quorum canino intermaxillari magno, ceteris inaequalibus inframaxillaribus mediis ceteris multo majoribus; dentibus vomerinis in thurmam ◊ formem-, palatinis utroque latere in vittam gracillimam, lingualibus in thurmas 2 posteriore oblonga anteriore majore dispositis; praeoperculo squamis in series 9 vel 10 transversas dispositis, limbo ex parte squamato, margine libero postice et angulo denticulato dentibus angulo ceteris majoribus, supra angulum incisura superficiali vel sat profunda valde aperta; squamis interöperculo biseriatis; fascia squamarum temporali non distincta, cum squamis occipitalibus et supraocularibus confluente; squamis corpore angulum aperturae branchialis superiorem inter et basin pinnae caudalis supra lineem lateralem in series 80 circ. transversas, infra lineam lateralem in series 70 circ. transversas dispositis; squamis 33 ad 35 in serie transversali anum inter et pinnam dorsalem, 10 vel 11 lineam lateralem inter et dorsalem spinosam mediam, 17 circ. in serie longitudinali occiput inter et pinnam dorsalem; lateribus seriebus squamarum longitudinalibus supra lineam lateralem obliquis, infra lineam lateralem horizontalibus; cauda parte libera paulo altiore quam longa ad aeque longa ac postice alta; pinna dorsali parte spinosa alepidota parte radiosa basi late squamata; dorsali spinosa spinis mediocribus mediis ceteris longioribus $2\frac{1}{3}$ ad 3 in altitudine corporis, spina postica spina penultima et radio 1° breviore; dorsali radiosa dorsali spinosa non ad vix humiliore, multo ad duplo fere longiore quam alta, obtusa, rotundata; pectoralibus analem non vel vix attingentibus capite paulo brevioribus; ventralibus acutis analem non attingentibus capite absque rostro brevioribus; anali spinis validis 2ª et 3ª subaequalibus radio 1° multo brevioribus, parte radiosa dorsali radiosa paulo altiore, paulo altiore quam longa, oblique quadratiuscula, antice quam medio et postice altiore margine inferiore convexa; caudali extensa truncata vel leviter emarginata angulis acuta capite paulo breviore; colore corpore superne pulchre dilute coeruleo, mediis lateribus inferneque coerulescente-margaritaceo; iride flava vulgo roseo tincta; vittis utroque latere longitudinalibus 6 ad 8 juvenilibus aurantiaco-fuscis aetate provectis aurantiacis vel flavis; vitta superiore fronto-dorsali lineae dorsali approximata sub spinis dorsalibus posterioribus desinente; vitta 2ª rostro-supraoculo-dorsali mediam basin dorsalis radiosae attingente; vitta 3ª oculo-dorsali supra lineam lateralem decurrente et ante radios dorsales posteriores desinente; vitta 4ª suprascapulo-dorsali lineam lateralem secante radios dorsales posteriores attingente; vitta 5ª oculo-caudali lineam lateralem postice secante et basin caudalis attingente; vitta 6ª maxillo-thoracico-caudali junioribus a vitta 5ª conspicue magis quam vitta 5ª a vitta 4ª remota; vittisa 7ª et 8ª maxillo-caudalibus cauda inferiore desinentibus (frequenter deficientibus); pinnis pulchre aurantiacis vel flavis, pectoralibus basi vittula transversa vel basi superne macula triangulari nigricante

B. 7. D. 10/15 vel 10/16. P. 2/14. V. 1/5. A. 3/9 vel 3/10. C. 1/15/1 et lat. brev.

Syn. *Mesoprion chrysotaenia* Blkr, N. bijdr. Percoid., Nat. T. Ned. Ind. II p. 170; Act. Soc. Scient. Ind. Neerl. I, Beschr. vischs. Manado p. 40; Günth., Cat. Fish. I p. 192.

Hab. Sumatra (Telokbetong); Nias; Singapura; Bintang (Rio); Bangka (Toboali); Biliton; Java (Batavia); Bali (Boleling); Celebes (Macassar, Badjoa); Timor; Batjan (Labuha); Obi-major; Amboina; in mari.

Longitudo 15 speciminum 85‴ ad 305‴.

Rem. Je commence la nombreuse série des Lutjans indo-archipélagiques à rangées d'écailles suslatérales montant obliquement en arrière vers le profil dorsal, par un groupe d'espèces, dont le caractère le plus essentiel se trouve dans l'écaillure de la tête. Le dessus de la tête, c'est-à-dire le front et le vertex jusqu'à la nuque, denué d'écailles dans la plupart des Lutjans, sont, dans les espèces de ce groupe, plus ou moins squammeux et les écailles dans quelques espèces s'étendent même jusque entre le bord antérieur des orbites. A ce groupe appartiennent les Lutjanus chrysotaenia, vitta, lutjanus, erythropterus, biguttatus bengalensis, quinquelineatus, amboinensis, et quelques espèces extra-archipélagiques. Les cinq premiers ont tous des dents linguales, le groupe des dents vomériennes quadrangulaire ou triangulaire et le préopercule à échancrure nulle ou fort superficielle. — Le chrysotaenia parmi ces espèces est des plus faciles à reconnaître par les dix épines dorsales et par les formules des écailles qui, dans toutes les directions, sont plus nombreuses que dans les espèces voisines. A l'état frais il se fait distinguer aisément par les bandes longitudinales dorées sur un fond bleuâtre dont les supérieures se dirigent obliquement en haut et en arrière.

L'espèce n'est connue jusqu' ici que de l'Insulinde, où cependant elle n'est pas rare.

Lutjanus vitta Blkr, Onz. notic. ichth. Ternate, Ned. T. Dierk. I p. 233.

Lutj. corpore oblongo compresso, altitudine $2\frac{3}{5}$ ad 3 in ejus longitudine absque-, $3\frac{1}{5}$ ad 4 in ejus longitudine cum pinna caudali; latitudine corporis 2 ad $2\frac{1}{2}$ in ejus altitudine; capite acuto $2\frac{4}{5}$ ad 3 fere in longitudine corporis absque-, $3\frac{3}{5}$ ad $3\frac{4}{5}$ in longitudine corporis cum pinna caudali; altitudine capitis 1 et paulo, latitudine capitis 2 ad $2\frac{1}{5}$ in ejus longitudine; vertice et fronte usque inter iridum partem posteriorem squamatis; regione supra-oculo-temporali dense squamata; linea rostro-frontali rectiuscula vel concaviuscula; oculis diametro 3 ad $3\frac{1}{2}$ in longitudine capitis, diametro $\frac{3}{5}$ ad $\frac{3}{4}$ distantibus; rostro acuto, apice ante vel vix infra oculi marginem inferiorem sito, oculo paulo breviore ad paulo longiore; naribus distantibus anterioribus brevivalvatis posterioribus oblongis vulgo minoribus; osse suborbitali sub oculo oculi diametro longitudinali plus duplo ad minus duplo humiliore, ubique alepidoto; maxillis subaequalibus superiore sub pupilla desinente $2\frac{1}{4}$ circ. in longitudine capitis; maxillis dentibus serie externa utroque latere antice caninis vel caninoideis quorum canino intermaxillari magno, ceteris inaequalibus inframaxillaribus mediis ceteris multo longioribus; dentibus vomerinis in thurmam ⍋ vel ◇- formem, palatinis utroque latere in vittam gracilem, lingualibus media lingua in thurmam oblongo-ovalem dispositis; palato aetate provectis linea media vulgo denticulis scabro; praeoperculo squamis in series 6 vel 7 transversas dispositis, limbo ex parte squamato, margine libero postice et inferne denticulato dentibus angularibus ceteris majoribus, supra angulum juvenilibus incisura nulla vel subnulla aetate provectioribus incisura valde superficiali et valde aperta; squamis interoperculo bi- ad triseriatis; fascia squamarum temporali non distincta cum squamis occipitalibus et supra-ocularibus confluente; squamis corpore angulum aperturae branchialis superiorem inter et basin pinnae caudalis supra lineam lateralem in series 65 ad 70 transversas, infra lineam lateralem in series 59 vel 60 transversas dispositis; squamis 22 vel 23 in serie transversali anum inter et pinnam dorsalem, 6 vel 7 lineam lateralem inter et dorsalem spinosam mediam, 14 circ. in serie longitudinali occiput inter et pinnam dorsalem; lateribus seriebus squamarum longitudinalibus supra lineam lateralem obliquis infra lineam lateralem horizontalibus; cauda parte libera aeque longa circ. ac postice alta; pinna dorsali parte spinosa non squamata parte radiosa basi late squamata; dorsali spinosa spinis mediocribus sat gracilibus 3ª 4ª et 5ª ceteris longioribus $2\frac{2}{3}$ ad $2\frac{2}{5}$ in altitudine corporis, spinis 2 posticis subaequalibus radio 1° brevioribus; dorsali radiosa dorsali spinosa humiliore, multo ad plus duplo longiore quam alta, obtusa, rotundata; pectoralibus analem non attingentibus capite absque rostro longioribus; ventralibus acutis analem non attingentibus capite absque rostro brevioribus; anali spinis subaequalibus vel 2^a 3^a vel 3^a 2^a paulo longiore, parte radiosa dorsali radiosa altiore, paulo altiore quam longa, quadratiuscula, antice quam medio et postice altiore, margine inferiore rectiuscula vel convexa; caudali extensa truncata vel leviter emarginata angulis acuta capite absque rostro paulo ad non longiore; colore corpore superne roseo, inferne roseo-margaritaceo vel margaritaceo; iride flava rubro tincta; vitta oculo-caudali pupilla vulgo graciliore fusca vel nigricante-fusca sub pinna dorsali radiosa lineam lateralem secante et cauda dimidio superiore ad basin pinnae caudalis desinente; vittulis dorso aureis vel fuscescente-violaceis oblique postrorsum adscendentibus, lateribus flavis vel aureis horizontalibus; pinnis flavis, dorsali superne, pectoralibus et anali inferne et ventralibus postice albicantibus.

B. 7. D. 10/13 vel 10/14 (specim. un. stat. abnorm. spin. 9 tant.). P. 2/13 vel 2/14. V. 1/5. A. 3/8 vel 3/9. C. 1/5/1 et lat. brev.

Var. *Ophuyseni.* vitta oculo-caudali sub initio dorsalis radiosae in maculam oblongam fuscam vel nigricante-fuscam desinente, post maculam non vel vix conspicua.

Syn. ***Serranus vitta*** Q.G., Zool. Voy. Uranie p. 315 tab. 58 fig. 3, CV., Poiss. II p. 178, VI p. 380; Rich., Rep. ichth. Chin., Rep. 15[h] meet. Brit. Assoc. p. 234.

Diacope vitta Schl., Faun. Japon. Poiss. p. 15 tab. 6 fig. 1.

Mesoprion enneacanthus Blkr, Verh. Bat. Gen. XII Perc. p. 40 (specim. spin. dors. 9); Günth., Cat. Fish. I p. 209.

Mesoprion phaiotaeniatus Blkr, Verh. Bat. Gen. XXII Perc. p. 43.

Mesoprion vitta Blkr, Verh. Bat. Gen. XXII Perc. p. 44; Günth., Cat. Fish. I p. 207; Kner, Zool. Reise Novara Fisch. p. 37.

Mesoprion Ophuysenii Blkr, Act. Soc. Scient. Ind. Neerl. VIII, Achtste bijdr. vischf. Sumatra p. 74.

Tanda-tanda, Djambian Mal.

Hab. Sumatra (Benculen, Padang, Ticu, Priaman); Singapura; Bangka (Karang-hadji, Tandjong-berikat, Muntok); Biliton (Tirutjup); Java (Batavia); Bali (Boleling); Celebes (Macassar, Bulucomba); Ternata; Amboina; Ceram (Wahai); Waigiu; Rawak, Nova-Guinea, in mari. Longitudo 22 speciminum 112''' ad 262'''.

Rem. Le Lutjanus vitta, par sa physionomie générale, est fort voisin du chrysotaenia, mais son système de coloration est différent. Il est reconnaissable, outre la bandelette oculo-caudale brune, aux formules des écailles du corps et du préopercule et aux dix épines dorsales. C'est une des espèces les plus communes et qui s'étend, hors l'Insulinde, jusqu'aux Seychelles, la côte nord-ouest de la Nouvelle Hollande, l'archipel des Louisiades et les mers de Chine et du Japon.

Le Lutjanus Ophuysenі n'est à considérer que comme une variété ou variation du vitta à bande latérale brune s'arrêtant vis-à-vis la région anale avec une dilatation en forme de tache oblongue. Dans quelques individus la bande se continue aussi en arrière de cette tache.

Lutjanus lutjanus Bl., Ausl. Fisch. IV p. 107 tab. 265; Bl. Schn., Syst. p. 324; Atl. ichth. Tab. 314 Perc. tab. 36 fig. 3.

Lutj. corpore oblongo compresso, altitudine $2\frac{3}{4}$ ad 3 in ejus longitudine absque-, $3\frac{2}{5}$ ad $3\frac{4}{5}$ in ejus longitudine cum pinna caudali; latitudine corporis 2 circ. in ejus altitudine; capite acuto $2\frac{3}{4}$ ad 3 in longitudine corporis absque-, $3\frac{3}{8}$ ad 4 in longitudine corporis cum pinna caudali; altitudine capitis 1 et paulo ad $1\frac{1}{5}$-, latitudine capitis 2 fere ad 2 in ejus longitudine; linea rostro-frontali rectiuscula; vertice et fronte usque inter pupillarum partem posteriorem squamatis; regione supraoculo-temporali squamata; oculis diametro 3 fere ad $3\frac{1}{5}$ in longitudine capitis, diametro $\frac{2}{3}$ ad $\frac{3}{5}$ distantibus; rostro acuto non convexo, apice ante oculi marginem inferiorem sito, oculo multo ad paulo breviore; naribus distantibus rotundis vel oblongis anterioribus brevissime vel non valvatis posterioribus minoribus; osse suborbitali sub oculo oculi diametro longitudinali duplo ad quadruplo humiliore, ubique alepidoto; maxillis aequalibus, superiore sub pupilla desinente 2 et paulo ad $2\frac{1}{4}$ in longitudine capitis; maxillis dentibus serie externa utroque latere antice caninis vel caninoideis quorum canino intermaxillari mediocri, ceteris inaequalibus inframaxillaribus mediis ceteris multo longioribus; dentibus vomerinis in thurmam ◇-formem-, palatinis utroque latere in vittam gracillimam-, lingualibus media lingua in thurmam oblongam dispositis; praeoperculo squamis in series 6 transversas dispositis, limbo plus minusve squamato, margine libero postice inferneque denticulato dentibus angularibus ceteris majoribus, supra angulum incisura nulla vel valde superficiali; squamis interoperculo biseriatis; fascia squamarum temporali non distincta, cum squamis occipitalibus et supraocularibus confluente; squamis corpore angulum aperturae branchialis superiorem inter et basin pinnae caudalis supra lineam lateralem in series 65 ad 67 transversas, infra lineam lateralem in series 52 circ. transversas dispositis; squamis 19 vel 20 in serie transversali, 5 vel 6 lineam lateralem inter et dorsalem spinosam mediam, 12 circ. in serie longitudinali occiput inter et pinnam dorsalem; lateribus seriebus squamarum longitudinalibus supra lineam lateralem obliquis, infra lineam lateralem horizontalibus; cauda parte libera aeque longa ac postice alta ad paulo longiore quam alta; pinna dorsali parte spinosa alepidota, parte radiosa basi sat late squamata; dorsali spinosa spinis gracilibus 3ª 4ª et 5ª ceteris longioribus $2\frac{1}{4}$ ad $2\frac{1}{2}$ in altitudine corporis, spina postica spina penultima et radio 1° breviore; dorsali radiosa dorsali spinosa humiliore, duplo fere ad duplo longiore quam alta, obtusa, convexa; pectoralibus analem non attingentibus capite absque rostro non ad sat multo longioribus; ventralibus acutis analem non attingentibus capite absque rostro brevioribus; anali spinis validis 2ª et 3ª subaequalibus vel 2ª 3ª paulo longiore et fortiore, parte radiosa dorsali radiosa paulo altiore, paulo altiore quam longa, quadratiuscula, antice quam medio et postice altiore, margine inferiore rectiuscula vel concaviuscula; caudali extensa truncata vel leviter emarginata angulis acuta capite absque rostro non ad vix longiore; colore corpore superne roseo vel violascente-roseo, inferne roseo-margaritaceo; iride flavescente; vittulis corpore numerosis longitudinalibus fuscescente-aurantiacis, aurantiacis vel flavis supra lineam lateralem obliquis infra lineam lateralem horizontalibus, quarum vitta lineae laterali approximata ceteris latiore; pinnis ventralibus albidis, ceteris flavis vel aurantiacis, pectoralibus inferne, anali antice albidis.

B. 7. D. 10/13 vel 10/14 vel 10/15. P. 2/14. V. 1/5. A. 3/8 vel 3/9. C. 1/15/1 et lat. brev.

Syn. *Lutjanus Blochii* Lac., Poiss. IV p. 178, 210.
Mesoprion lutjanus CV., Poiss. II p. 363.
Mesoprion olivaceus CV., Poiss. II p. 365 ?
Mesoprion madras CV., Poiss. VII p. 335 ?, Blkr, Verh. Bat. Gen. XXII Perc. p. 44; Günth., Catal. Fish. I p. 200; Day, Fish. Malab. p. 14.

Lutjanus olivaceus Blkr, Not. ichth. Waigiou, Versl. K. Ak. Wet. Nat. 2e Reeks II p. 296 ?
Djambian Mal.

Hab. Sumatra (Benculen, Trussan, Prianian); Singapura; Bangka (Muntok, Gussong-assam); Java (Batavia, Bantam); Duizend-ins.; Bawean; Bali (Boleling); Celebes (Bulucomba, Badjoa, Manado); Ceram (Wahai); Amboina; Waigiu ?; in mari.

Longitudo 35 speciminum 65''' ad 210'''.

Rem. Je ne doute pas que le Lutjanus actuel soit de l'espèce type du genre Lutjanus de Bloch, et je crois aussi y avoir retrouvé le Mesoprion madras CV. Le Mesoprion olivaceus CV. pourrait bien être, lui-aussi, de la même espèce. Les caractères distinctifs du lutjanus se trouvent dans les nombres d'environ 65 rangées tranversales d'écailles au-dessus et de 52 de ces rangées au-dessous de la ligne latérale, de 19 ou 20 écailles sur une rangée transversale dont 5 ou 6 au-dessus de la ligne latérale, et puis dans les dix épines dorsales et dans le système de coloration. L'espèce est fort commune à Batavia, mais peu estimée. Jamais je n'en ai vu d'individus de plus de 220''' de long. Hors l'Insulinde elle habite les côtes de Malabar et des Seychelles.

Lutjanus erythropterus Bl., Ausl. Fisch. IV p. 115 tab. 249; Bl. Schn, Syst. p. 325; Lac., Poiss. IV p. 178; Atl. ichth. Tab. 298 Perc. tab. 20 fig. 2.

Lutj. corpore oblongo compresso, altitudine 3 ad 3 et paulo in ejus longitudine absque-, $3\frac{2}{3}$ ad 4 in ejus longitudine cum pinna caudali; latitudine corporis $1\frac{3}{4}$ ad 2 fere in ejus altitudine; capite acuto 3 fere ad 3 in longitudine corporis absque-, $3\frac{3}{5}$ ad $3\frac{3}{4}$ in longitudine corporis cum pinna caudali; altitudine capitis 1 et paulo ad $1\frac{1}{6}$-, latitudine capitis 2 circ. in ejus longitudine; linea rostro-frontali rectiuscula vel convexiuscula; vertice et fronte usque inter oculorum partem anteriorem squamatis; regione supraoculo-temporali dense squamata; oculis diametro 3 fere ad 3 in longitudine capitis, diametro $\frac{5}{3}$ circ. distantibus; rostro acuto non vel leviter convexo, apice ante pupillam sito, oculo multo breviore; naribus distantibus rotundis vel oblongis non valvatis anterioribus posterioribus minoribus; osse suborbitali sub oculo oculi diametro longitudinali quadruplo ad quintuplo humiliore ubique alepidoto; maxillis aequalibus, superiore sub pupilla desinente 2 et paulo in longitudine capitis; maxillis dentibus serie externa utroque latere antice caninis vel caninoideis quorum canino intermaxillari sat magno, ceteris inaequalibus, inframaxillaribus mediis ceteris multo longioribus; dentibus vomerinis in thurmam ◇ formem-, palatinis utroque latere in vittam gracillimam-, lingualibus media lingua in thurmam oblongam dispositis; praeoperculo squamis in series 6 transversas dispositis, limbo plus minusve squamato, margine libero postice anguloque denticulato dentibus angularibus ceteris conspicue majoribus, supra angulum incisura nulla; fascia squamarum temporali non distincta, cum squamis occipitalibus et supraocularibus confluente; squamis corpore angulum aperturae branchialis superiorem inter et basin pinnae caudalis supra lineam lateralem in series 60 ad 63 transversas-, infra lineam lateralem in series 48 ad 50 transversas dispositis; squamis 17 vel 18 in serie transversali anum inter et pinnam dorsalem, 4 vel 5 lineam lateralem inter et dorsalem spinosam mediam, 12 circ. in serie longitudinali occiput inter et pinnam dorsalem; lateribus seriebus squamarum longitudinalibus supra lineam lateralem obliquis infra lineam lateralem horizontalibus; cauda parte libera aeque longa circ. ac postice alta; pinna dorsali parte spinosa alepidota, parte radiosa basi sat late squamata; dorsali spinosa spinis gracilibus 3ª 4ª et 5ª ceteris longioribus 2 circ. in altitudine corporis, spinis 2 posticis subaequalibus radio 1° sat multo brevioribus; dorsali radiosa dorsali spinosa humiliore, multo ad duplo fere longiore quam alta, obtusa, convexa; pectoralibus analem non attingentibus capite absque rostro paulo longioribus; ventralibus acutis analem non attingentibus capite absque rostro brevioribus; anali spinis mediocribus 2ª et 3ª subaequalibus vel 3ª 2ª paulo longiore, parte radiosa dorsali radiosa vix vel non altiore, paulo altiore quam longa, quadratiuscula, antice quam medio et postice altiore, margine inferiore rectiuscula vel concaviuscula; caudali extensa truncata vel leviter emarginata angulis acuta capite absque rostro paulo longiore ad paulo breviore; colore corpore superne roseo vel purpurascente, inferne flavescente-margaritaceo vel roseo-margaritaceo; iride flava; vittis corpore longitudinalibus aurantiacis vel flavis, dorso numerosis obliquis, lateribus 5 ad 9 horizontalibus quarum vitta oculo-caudali unica ceteris multo latiore cauda lineam lateralem secante; pinnis pulchre flavis vel aurantiacis, ventralibus frequenter roseis.

B. 7. D. 11/11 vel 11/12 vel 11/13. P. 2/14 vel 2/15. V. 1/5. A. 3/8 vel 3/9. C. 1/15/1 et lat. brev.

Syn. *Karooi* Russ., Corom. Fish. II p. 19 fig. 125.

Serranus nouleny CV., Poiss II p. 184; Günth., Cat. Fish. I p. 126.

Mesoprion erythropterus CV., Pois. II p. 362; Blkr, Verh. Bat. Gen. XXII Perc. p. 47.
Mesoprion caroui CV., Poiss. II p. 370; Cant., Cat. Mal. Fish. p. 16.
Diacope lineolata Rüpp., Atl. R. Fisch. p. 76 tab. 19 fig. 3; Klunz., Syn. Fisch. R. M., Verh. z. b. Ges. Wien XX p. 698 (nec Mesoprion lineolatus Blkr, ol.).
Mesoprion xanthopterygius Blkr, Verh. Bat. Gen. XXII Perc. p. 46.
Mesoprion erythropterus et *lineolatus* Günth., Cat. Fish. I p. 205.
Djambian Mal.

Hab. Sumatra (Telokbetong, Siboga); Nias; Pinang; Bangka (Bliuju); Java (Batavia); Celebes (Macassar, Bulucomba); Sumbawa (Bima); Amboina; in mari.

Longitudo 26 speciminum 86‴ ad 202‴.

Rem. Le Lutjanus erythropterus Bl., le premier figuré par Bloch, a depuis été reproduit par Russell dans une figure incorrecte mais fort bien reconnaissable, sous le nom de Karooi et par M. Rüppell dans une excellente figure sous le nom de Diacope lineolata. On pourrait le confondre au premier aspect avec le Lutjanus lutjanus dont il a les formes et les couleurs, mais on le reconnaît aisément aux onze épines dorsales. Les écailles aussi sont un peu moins nombreuses, tant les rangées transversales au-dessus et au-dessous de la ligne latérale, que les rangées longitudinales, dont il n'y a que 4 ou 5 au-dessus de la ligne latérale. A l'état frais on remarque encore que les stries ou bandelettes longitudinales dorées des flancs sont plus larges et moins nombreuses que dans le lutjanus.

L'erythropterus n'est connu jusqu'ici, hors l'Insulinde, que de la Mer Rouge et des côtes de Zanzibar et de Coromandel.

Le Mesoprion argenteus Hombr. Jacq. (Zool. Voy. Pôle Sud. p. 39 tab. 2 fig. 4) pourrait bien n'être point distinct de l'erythropterus, mais la figure montre la dorsale et l'anale molles plus hautes, l'échancrure préoperculaire profonde et étroite et la seconde épine anale beaucoup plus longue que la troisième. Ce qui me paraît plus sur, c'est que le Serranus nouleny CV. n'est autre que l'espèce actuelle. On sait que Valenciennes n'était pas toujours heureux à distinguer les Lutjanus de ses Serrans, parmi lesquels il plaça aussi le Lutjanus vitta, le Lutjanus biguttatus (Mesoprion Bleekeri Günth.) et un Lutjanus voisin du flavipes (Serranus limbatus CV.).

Lutjanus biguttatus Blkr.

Lutj. corpore oblongo compresso, altitudine $3\frac{1}{3}$ ad 4 fere in ejus longitudine absque-, $4\frac{1}{5}$ ad 5 fere in ejus longitudine cum pinna caudali; latitudine corporis $1\frac{3}{5}$ ad 1_{3} in ejus altitudine; capite acuto 3 fere ad $3\frac{1}{5}$ in longitudine corporis absque-, $3\frac{2}{3}$ ad 4 in longitudine corporis cum pinna caudali; altitudine capitis $1\frac{4}{3}$ ad $1\frac{1}{2}$, latitudine capitis 2 fere ad $2\frac{1}{4}$ in ejus longitudine; linea rostro-frontali recta; vertice et fronte usque inter pupillas squamatis; regione supra-oculo-temporali squamosa; oculis diametro 3 circ. in longitudine capitis, diametro $\frac{2}{3}$ ad 1 fere distantibus; rostro acuto non convexo, apice ante pupillam sito, oculo non multo breviore; naribus distantibus parvis rotundiusculis non valvatis anterioribus posterioribus minoribus; osse suborbitali sub oculo oculi diametro longitudinali quintuplo circ. humiliore, ubique alepidoto; maxillis aequalibus, superiore sub pupilla desinente 2 et paulo ad $2\frac{1}{4}$ in longitudine capitis; maxillis dentibus serie externa utroque latere antice caninis vel caninoideis quorum canino intermaxillari magno, ceteris inaequalibus inframaxillaribus mediis ceteris multo majoribus; dentibus vomerinis in thurmam ⩚-formem-, palatinis utroque latere in vittam gracillimam-, lingualibus media lingua in thurmam oblongam dispositis; praeoperculo squamis in series 5 vel 6 transversas dispositis, limbo alepidoto, margine libero postice anguloque denticulato denticulis angularibus ceteris majoribus, supra angulum incisura nulla vel valde superficiali et valde aperta; fascia squamarum temporali vix distincta, cum squamis occipitalibus et supraocularibus confluente; squamis corpore angulum aperturae branchialis superiorem inter et basin pinnae caudalis supra lineam lateralem in series 65 circ. transversas-, infra lineam lateralem in series 52 circ. transversas dispositis; squamis 20 circ. in serie transversali anum inter et pinnam dorsalem, 5 lineam lateralem inter et dorsalem spinosam mediam, 13 circ. in serie longitudinali occiput inter et pinnam dorsalem; lateribus seriebus squamarum longitudinalibus supra lineam lateralem valde obliquis, infra lineam lateralem horizontalibus; cauda parte libera aeque longa circ. ac postice alta; pinna dorsali parte spinosa alepidota, parte radiosa basi sat late squamata; dorsali spinosa spinis gracilibus 3^a 4^a et 5^a ceteris longioribus $1\frac{2}{3}$ ad 2 fere in altitudine corporis, spinis 2 posticis subaequalibus radio 1° multo brevioribus; dorsali radiosa dorsali spinosa humiliore, multo sed minus duplo longiore quam alta, obtusa, convexa; pectoralibus analem non attingentibus capite absque rostro paulo longioribus; ventralibus acutis analem non attingentibus capite absque rostro brevioribus; anali spinis mediocribus 2ª et 3ª subaequalibus vel 3ª 2ª paulo longiore, parte radiosa dorsali radiosa vix vel non altiore, altiore quam longa, quadratiuscula, antice quam medio et postice altiore, margine inferiore rectiuscula vel concaviuscula; caudali extensa truncata angulis acuta capite absque rostro non ad vix longiore; colore corpore superne violascente vel griseo-violaceo, lateribus et inferne margaritaceo vel griseo vel flavo-aurantiaceo; iride flava vel rosea; vitta rostro-oculo-caudali recta sat lata fusca vel nigricante-violacea (non semper bene conspicua); dorso guttis 2 margaritaceis lineae dorsali sat approximatis, anteriore sub spina dorsi 7ª vel 8ª, posteriore, sub radiis dorsalibus 5°, 6° et 7°; pinnis flavis, pectoralibus basi superne vulgo macula parva fuscescente.

B. 7. D. 11/11 vel 11/12 vel 11/13. P. 2/14. V. 1/5. A. 3/8 vel 3/9. C. 1/15/1 et lat. brev.

Syn. *Serranus biguttatus* Val., Poiss. VI p. 381; Günth., Cat. Fish. I p. 155.
Mesoprion lineolatus Blkr, Verh. Bat. Gen. XXII Perc. p. 46.
Mesoprion Bleekeri Günth., Cat. Fish. I. p. 208.
Lutjanus Bleekeri, Trois. mém. ichth. Halmah., Ned. T. Dierk. I p. 155.
Djambian Mal.

Hab. Sumatra (Telokbetong, Siboga); Nias; Java (Batavia); Bali (Boleling); Celebes (Macassar); Sumbawa (Bima); Halmahera (Sindangole); Ternata; Batjan (Labuha); Amboina; in mari.

Longitudo 37 speciminum 101‴ ad 206‴.

Rem. Le Lutjan actuel est la seule espèce du groupe à front et vertex squammeux où le limbe du préopercule est dénué d'écailles. De toutes ces espèces aussi elle a le corps le moins trapu et les épines dorsales les plus faibles. A l'état frais on la reconnait aisément à la couleur violâtre du dos, à la bande oculo-caudale brune ou noirâtre et aux deux taches nacrées du dos, l'une sous le milieu de la dorsale épineuse, l'autre sous le milieu de la dorsale molle. J'ai cru autrefois l'espèce identique avec le Diacope lineolata Rüpp. mais c'est bien une espèce distincte comme l'a indiqué M. Günther, quoiqu'elle ne fut pas inédite. Valenciennes l'avait déjà décrite sous le nom spécifique de biguttatus, mais c'est à tort qu'il l'a placée parmi les Serrans. On sait, par cette description, que l'espèce habite aussi les côtes de Ceylon.

Le Mesoprion elongatus Hombr. Jacq. est fort voisin de l'espèce actuelle et présente la même physionomie générale du corps et des nageoires et une même bande noire oculo-caudale, mais sur la figure (Voy. Pôle Sud, Poiss. tab. 2 fig. 3) on ne voit ni les taches nacrées du dos ni la tache au haut de la base de la pectorale. Les écailles aussi, surtout celles au-dessus de la ligne latérale, y sont représentées beaucoup moins nombreuses, la dorsale épineuse fortement squammeuse, la dorsale molle plus haute, etc. On ne pourrait pas y voir une même espèce qu'en supposant toutes ces différences des inexactitudes du dessinateur.

Je note encore que le Lutjanus aurorubens (= Centropristes aurorubens CV. = Mesoprion aurorubens Günth. = Rhomboplites aurorubens Gill.) de l'Amérique orientale tropicale, appartient au groupe à vertex et à occiput squammeux. C'est une espèce assez voisine par les formes, par la dentition de l'intérieur de la bouche et par la formule des rangées transversales d'écailles, du lutjanus et de l'erythropterus mais à formules D. 12/12 ou 12/13, et rang. transv. $\frac{65}{65?}$, rang. longit. $\frac{8-9}{19}$, et à caudale fort concave. Outre les 12 épines dorsales il se distingue encore du groupe actuel par la direction ondulée et oblique des rangées longitudinales d'écailles au-dessous de la ligne latérale.

Lutjanus bengalensis Blkr, sur les espèc. confond. sous le nom de Genyoroge bengalensis, Versl. Kon. Ak. Wet. Natuurk. 2e reeks III p. 74; Atl. Ichth. Tab. 302 Perc. tab. 24 fig. 3.

Lutj. corpore oblongo compresso, altitudine $2\frac{4}{5}$ ad 3 in ejus longitudine absque-, $3\frac{1}{2}$ ad 4 in ejus longitudine cum pinna caudali; latitudine corporis 2 ad $2\frac{1}{2}$ in ejus altitudine; capite acuto $2\frac{3}{4}$ ad 3 in longitudine corporis absque-, $3\frac{1}{2}$ ad $3\frac{3}{4}$ in longitudine corporis cum pinna caudali; altitudine capitis 1 ' ad $1\frac{1}{3}$-, latitudine capitis 2 fere ad 2 et paulo in ejus longitudine; linea rostro-frontali rectiuscula; vertice et fronte usque inter medios oculos vel usque inter oculorum marginem anteriorem squamatis; regione supra-oculo-temporali dense squamata; oculis diametro 3 ad $3\frac{2}{3}$ in longitudine capitis, diametro $\frac{1}{2}$ ad $\frac{2}{3}$ distantibus; rostro acuto, apice ante oculi marginem inferiorem sito, oculo breviore ad paulo longiore; naribus distantibus anterioribus valvatis posterioribus oblongis minoribus; osse suborbitali sub oculo oculi diametro longitudinali plus duplo ad minus duplo humiliore, ubique alepidoto; maxilla superiore maxilla inferiore vix ad non longiore, sub pupilla vel vix ante pupillam desinente, $2\frac{1}{4}$ ad $2\frac{3}{5}$

in longitudine capitis; maxillis dentibus serie externa utroque latere antice caninis vel caninoideis quorum canino intermaxillari mediocri, ceteris inaequalibus, inframaxillaribus mediis ceteris sat multo majoribus; dentibus vomerinis in vittam Λ formem-, palatinis utroque latere in vittam gracilem dispositis; lingua edentula; praeoperculo squamis in series 6 ad 8 transversas dispositis, limbo postice alepidoto antice squamato, margine libero postice inferneque denticulato dentibus angulo ceteris conspicue majoribus valde juvenilibus ex parte spinaeformibus, supra angulum incisura valde juvenilibus, subnulla aetate provectioribus profunda et angusta tuberculum interoperculare conicum resipiente; squamis interoperculo bi- ad triseriatis; fascia squamarum temporali non distincta, cum squamis occipitalibus et supraocularibus confluente; squamis corpore angulum aperturae branchialis superiorem inter et basin pinnae caudalis supra lineam lateralem in series 80 ad 85 transversas, infra lineam lateralem in series 68 ad 70 transversas dispositis; squamis 28 ad 30 in serie transversali anum inter et pinnam dorsalem, 8 vel 9 lineam lateralem inter et dorsalem spinosam mediam, 11 vel 12 in serie longitudinali occiput inter et pinnam dorsalem; lateribus seriebus squamarum longitudinalibus supra lineam lateralem obliquis, infra lineam lateralem horizontalibus; cauda parte libera aeque longa circ. ac postice alta; pinna dorsali parte spinosa basi spinarum plurium tantum, parte radiosa basi late squamata; dorsali spinosa spinis mediocribus 3ª 4ª et 5ª ceteris longioribus 2 fere ad $2\frac{2}{3}$ in altitudine corporis, spinis 2 posticis subaequalibus radio 1° paulo brevioribus; dorsali radiosa dorsali spinosa humiliore, duplo fere ad plus duplo longiore quam alta, obtusa, rotundata; pectoralibus analem non ad vix attingentibus capite paulo brevioribus; ventralibus acutis analem non attingentibus capite absque rostro brevioribus; anali spinis validis 2ª 3ª longiore et fortiore, parte radiosa dorsali radiosa vulgo altiore, paulo ad non altiore quam longa, antice quam medio et postice altiore, quadratiuscula, margine inferiore convexa vel rectiuscula; caudali extensa leviter emarginata vel truncatiuscula angulis acuta capite absque rostro paulo longiore; colore corpore superne lateribusque aurantiaco-flavo vel pulchre flavo, inferne roseo-margaritaceo; capite superne rostroque rubro-violascente; iride flava superne fusca; vittis utroque latere 4 longitudinalibus coeruleis superne et inferne violaceo marginatis; vitta superiore fronte incipiente et basi spinae dorsalis 8ªᵉ vel 9ªᵉ desinente; vitta 2ª orbita superne incipiente et basi media dorsalis radiosae desinente; vitta 3ª operculo superne vel praeoperculi margine superne incipiente lineam lateralem secante et dorso caudae sub radiis dorsalibus posterioribus desinente; vitta 4ª osse suborbitali incipiente sub oculo et supra axillam decurrente et media cauda ante basin pinnae caudalis et infra lineam lateralem desinente; macula lateribus postice nigra vel fusca nulla; pinnis pulchre flavis, dorsali caudalique plus minusve fusco arenatis.

B. 7. D. 10/15 vel 10/16 vel 11/14 vel 11/15. P. 2/14. V. 1/5. A. 3/8 vel 3/9. C. 1/15/1 et lat. brev.

Syn. *Strepeling* Ruysch, Coll. nov: pisc. Amb. p. 4 tab. 2 fig. 12.
Ikan Galoega Valent., Amb. fig. 16.
Marack, Streepeling ou Poisson rayé de Hyla Ren. Poiss. Mol. I tab. 20 fig. 110; II tab. 17 fig. 82.
Sciaena kasmira Forsk., Descr. anim. p. 46?
Holocentrus bengalensis Bl., Ausl. Fisch. IV p. 102 tab. 246 fig. 2; Bl. Schn., Syst. p. 316; Lac., Poiss. IV p. 330.
Perca polyzonias J. R. Forst. Mss. ap. Bl. Schn. Syst. p. 316; Descr. anim. cur. Lichtenst. p. 225.
Diacope octolineata CV., Poiss. II p. 315 (ex parte); Rüpp., Reise N. Afr. Atl. p. 75; Schl., Faun. Jap. Poiss. p. 12 tab. 6 fig. 2.
Perca vittata Parkins ic. ined. sec. CV., Poiss. II p. 318.
Diacope octovittata CV., Poiss. VI p. 397.
Mesoprion pomacanthus Blkr, Zesde bijdr. ichth. Amb., Nat. T. Ned. Ind. VIII p. 407; Günth., Cat. Fish. I p. 210 (ex parte).
Genyoroge bengalensis Günth., Cat. Fish. I p. 178 (ex parte).
Genyoroge octovittata Günth., Cat. Fish. I p. 180.
Evoplites pomacanthus Gill, Rem. gen. Cuban Fish., Proc. Ac. nat. sc. Philad. 1862 p. 234.
Diacope kasmira Klunz., Syn. Fisch. R. M., Verh. zool. bot. Ges. Wien XX p. 695 (nec var.).
Tanda-tanda Mal.; *Gorara-ticus* Ternat.; *Gorara-siang* Manad.; *Gorara* Amb.

Hab. Sumatra (Telokbetong, Ulakan, Priaman); Java (Batavia, Karangbollong, Prigi); Celebes (Macassar, Manado); Timor (Atapupu); Ternata; Halmahera (Sindangole); Batjan (Labuha); Buro (Kajeli); Ceram (Wahai); Amboina; Waigiu; in mari.

Longitudo 29 speciminum 43‴ ad 265‴.

Rem. Trois des espèces insulindiennes de Lutjan à dessus de la tête squammeux, ont les dents vomériennes disposées en forme de Λ, le préopercule à forte échancrure et à limbe squammeux, et la langue lisse; sav. le bengalensis, le quinquelineatus et l'amboinensis. De ces espèces le bengalensis a les écailles les plus petites et les plus nombreuses sav. 80 à 85 rangées transversales au-dessus, et 68 à 70 au-dessous de la ligne latérale et 28 à 30 sur une rangée transversale dont 8 à 9 au-dessus de la ligne latérale, caractère que je n'avais pas encore remarqué lorsque je constatai la duplicité spécifique du Genyoroge bengalensis Günth. et qui vient d'affirmer encore la valeur comme espèces des Holocentrus quinquelineatus et bengalensis de Bloch. Du reste le bengalensis se distingue encore du quinquelineatus par l'absence d'écailles sousorbitaires, par son profil plus pointu, par les quatre bandes bleues du corps et par l'absence de tache latérale. Le nombre de onze épines dorsales paraît être normal, mais j'ai observé aussi quelques individus à dix épines seulement, chiffre qui paraît etre constant pour le quinquelineatus. Le bengalensis s'étend, à l'ouest de l'Inde archipélagique, jusqu'aux îles Maurice et de Bourbon, les côtes de Mozambique et de Zanzibar et dans la Mer rouge.

Lutjanus quinquelineatus Blkr, Sur les espèc. confond. sous le nom de Genyoroge bengalensis, Versl. Kon. Ak. Wet. Natuurk. 2e Reeks III p. 72.

Lutjan. corpore oblongo compresso, altitudine $2\frac{1}{2}$ ad $2\frac{2}{3}$ in ejus longitudine absque-, $5\frac{1}{5}$ ad $5\frac{1}{2}$ in ejus longitudine cum pinna caudali; latitudine corporis 2 ad $2\frac{1}{3}$ in ejus altitudine; capite acutiusculo $2\frac{4}{5}$ ad 3 in longitudine corporis absque-, $3\frac{1}{3}$ ad $5\frac{4}{5}$ in longitudine corporis cum pinna caudali; altitudine capitis $1\frac{1}{4}$ ad $1\frac{1}{6}$-, latitudine capitis 2 fere ad 2 et paulo in ejus longitudine; linea rostro-frontali juvenilibus rectiuscula aetate provectis convexiuscula; vertice et fronte usque inter oculorum marginem anteriorem squamatis; regione supra-oculo-temporali dense squamata; oculis diametro 3 ad $3\frac{1}{2}$ in longitudine capitis, diametro $\frac{3}{5}$ ad $\frac{2}{3}$ distantibus; rostro obtusiusculo, apice ante vel infra oculi marginem anteriorem sito, oculo multo ad non breviore; naribus distantibus anterioribus valvatis posterioribus oblongis minoribus; osse suborbitali sub oculo oculi diametro longitudinali plus duplo ad duplo circ. humiliore media altitudine aetate provectioribus squamis in seriem longitudinalem obliquam dispositis; maxilla superiore maxilla inferiore vix longiore sub pupilla desinente, 2 et paulo ad $2\frac{3}{4}$ in longitudine capitis; maxillis dentibus serie externa utroque latere antice caninis vel caninoideis quorum canino intermaxillari mediocri, ceteris inaequalibus inframaxillaribus mediis ceteris sat multo majoribus; dentibus vomerinis in vittam Λ-formem vel in thurmam Δ formem, palatinis utroque latere in vittam gracillimam dispositis; lingua edentula; praeoperculo squamis in series 6 ad 8 transversas dispositis, limbo toto fere squamato, margine libero postice inferneque denticulato dentibus angulo ceteris conspicue majoribus valde juvenilibus ex parte spinaeformibus, supra angulum incisura valde juvenilibus subnulla aetate provectioribus profunda et angusta tuberculum interoperculare conicum recipiente; squamis interoperculo bi- ad triseriatis; fascia squamarum temporali non distincta, cum squamis occipitalibus et supra ocularibus confluente; squamis corpore angulum aperturae branchialis superiorem inter et basin pinnae caudalis supra lineam lateralem in series 68 ad 70 transversas, infra lineam lateralem in series 55 ad 60 transversas dispositis; squamis 25 circ. in serie transversali anum inter et pinnam dorsalem, 6 vel 7 lineam lateralem inter et dorsalem spinosam mediam, 10 vel 11 in serie longitudinali occiput inter et pinnam dorsalem; lateribus seriebus squamarum longitudinalibus supra lineam lateralem obliquis, infra lineam lateralem horizontalibus; cauda parte libera aeque longa circ. ac postice alta; pinna dorsali parte spinosa basi spinarum plurium tantum, parte radiosa basi late squamata; dorsali spinosa spinis mediocribus 3ª 4ª et 5ª ceteris longioribus 2 ad $2\frac{2}{3}$ in altitudine corporis, spinis 2 posticis subaequalibus radio 1° paulo brevioribus; dorsali radiosa dorsali spinosa paulo humiliore multo ad duplo longiore quam alta, obtusa, rotundata; pectoralibus analem non ad vix attingentibus capite non ad paulo brevioribus; ventralibus acutis analem non attingentibus capite absque rostro non ad paulo brevioribus; anali spinis validis 2ª 3ª longiore et fortiore, parte radiosa dorsali radiosa altiore, conspicue altiore quam longa, obtusa, convexa; caudali extensa truncatiuscula vel paulo emarginata angulis acuta capite absque rostro longiore; colore corpore superne lateribusque citrino-flavo, inferne roseo-margaritaceo; capite superne rostroque rubro-violascente; iride flava roseo vel fuscescente tincta; vittis utroque latere 4 vel 5 longitudinalibus dilute coeruleis marginibus quam medio profundioribus; vitta superiore nucha incipiente et basi spinae dorsalis 8ªᵉ vel 9ªᵉ desinente; vitta 2ª regione temporali incipiente et media basi pinnae dorsalis radiosae desinente; vitta 3ª praeoperculo superne vel operculo superne incipiente lineam lateralem secante et dorso caudae desinente; vitta 4ª genis incipiente regionem supra-axillarem secante et cauda postice sub linea laterali desinente; vitta 5ª vulgo minus conspicua, interdum nulla, regione subthoracica incipiente et cauda inferne desinente; capite vittam 3ᵐ inter et 4ᵐ interdum vitta ejusdem coloris oculo-operculari postice cum vitta 4ᵃ vulgo confluente; macula utroque latere fusca vel nigricante oblongo-rotunda, vulgo diffusa, interdum deficiente, dorso sub initio dorsalis radiosae maxima parte supra lineam lateralem sita; pinnis pulchre flavis, dorsali spinosa superne albicante.

B. 7. D. 10/14 vel 10/15 vel 10/16. P. 2/14. V. 1/5. A. 3/8 vel 3/9. C. 1/15/1 et lat brev.

Syn. *Ambonesche baars* Ruysch, Coll. nov. pisc. Amb. p. 19 tab. 10 fig. 14.
Ikan koening moeda Valent., Amb. fig. 24.
Klipvisch, Poisson des roches Ren., Poiss. Mol. II tab. 55 fig. 235.
Holocentrus quinquelinearis et *quinquelineatus* Bl., Ausl. Fisch. IV p. 84 tab. 239; Lac., Poiss. IV p. 329.
Grammistes quinquelineatus Bl. Schn., Syst. p. 187.
Diacope octolineata CV., Poiss. II p. 315 (ex parte).
Mesoprion etaapee Less., Zool. Voy. Coq. II p. 229.
Diacope decemlineata CV., Poiss. IV p. 397.
Mesoprion octolineatus Blkr, Verh. Bat. Gen. XXII Perc. p. 40; Act. Soc. Scient. Ind. Neerl. Enum. pisc. Arch. ind. p. 22 (nec syn. omn.).
Mesoprion pomacanthus Blkr, Zesde bijdr. ichth. Amb., Nat. T. Ned. Ind. VIII p. 407 (ex parte).
Genyoroge bengalensis Günth., Cat. Fish. I p. 178 (ex parte).
Mesoprion bengalensis Kner, Zool. Reis. Novar. Fisch. p. 31.
Tanda-tanda Mal.; *Gorara-tikus* Tern.; *Gorara-siang* Manad.; *Gorara* Amb.

Hab. Sumatra (Telokbetong, Ulakan, Priaman); Nias; Cocos (Nova-selma); Java (Batavia, Bantam, Karangbollong, Prigi, Banjuwangi); Duizend-ins.; Bawean; Bali (Boleling); Flores (Larantuca); Timor (Atapupu); Celebes (Macassar, Bulucomba, Badjoa, Manado, Tanawanko); Halmahera (Sindangole); Ternata; Batjan (Labuha); Buro (Kajeli); Ceram (Wahai); Amboina; Banda (Neira); Nova-Guinea (ora septentr.), in mari.

Longitudo 26 speciminum 45''' ad 252'''.

Rem. Je ne connais que deux espèces de Lutjanus à écailles de la tête s'étendant sur le sousorbitaire (où elles sont disposées sur une rangée longitudinale), sav. l'espèce actuelle et le Lutjanus octovittatus (Labrus octovittatus Lac.) de l'île de Bourbon. Ce dernier se distingue du quinquelineatus par les sept bandelettes rose-violet qui ne commencent qu'en arrière de la tête. Le seul individu que j'en ai observé avait aussi le limbe du préopercule dénué d'écailles. Son nombre normal des épines dorsales paraît être de onze. — Le quinquelineatus a été trouvé, hors l'Insulinde, dans la Mer rouge, sur les côtes de Maurice, de Ceylon, de l'Hindoustan, des Louisiades et des îles Feejee.

Le Mesoprion quinquelineatus CV., décrit d'après le Mungi mupudee de Russell (Fish. Corom. fig. 110), est une espèce distincte, à lignes bleues supérieures parallèles au profil du dos, et se continuant jusqu'à la base de la caudale. Cuvier en dit qu'il en a été envoyé deux individus de Java au Musée royal des Pays-Bas, mais je n'ai pas réussi à les y retrouver et je pense plutôt que ces individus fussent de l'espèce actuelle. Le Mungi mupudee a besoin d'être examiné de nouveau. M. Rüppell suppose qu'il pourrait bien être de l'espèce du Lutjanus coeruleolineatus (Diacope coeruleolineata Rüpp.) mais dans ce dernier les bandelettes bleues supérieures montent obliquement en arrière comme dans le Lutjanus quinquelineatus. Le coeruleolineatus me paraît être voisin de l'espèce actuelle mais il a la tête plus pointue, le préopercule presque sans échancrure, une ou deux bandelettes bleues de plus, la troisième bandelette d'en haut passant non au-dessous mais au-dessus de la tache latérale noire, etc. — M. Rüppell ne parle pas de l'écaillure de la tête en ne donne pas non plus la formule des écailles.

Lutjanus amboinensis Blkr, Onz. not. ichth. Ternate, Ned. T. Dierk. I p. 232; Atl. ichth. Tab. 318 Perc. tab. 40 fig. 2.

Lutj. corpore oblongo compresso, altitudine $2\frac{3}{5}$ ad $2\frac{3}{4}$ in ejus longitudine absque-, $3\frac{1}{3}$ ad $3\frac{2}{5}$ in ejus longitudine cum pinna caudali; latitudine corporis 2 ad 2 et paulo in ejus altitudine; capite acutiusculo $2\frac{4}{5}$ ad 3 in longitudine corporis absque-, $3\frac{1}{2}$ ad $3\frac{3}{4}$ in longitudine corporis cum pinna caudali; altitudine capitis 1 ad 1 et paulo-, latitudine capitis 2 circ. in ejus longitudine; linea rostro-frontali rectiuscula vel convexiuscula; vertice et fronte usque supra vel ante medios oculos squamatis; regione supra-oculo-temporali dense squamata; oculis diametro 3 ad $3\frac{1}{5}$ in longitudine capitis, diametro $\frac{2}{3}$ ad $\frac{3}{5}$ distantibus; rostro acutiusculo non vel vix convexo, apice ante vel vix infra oculi marginem inferiorem sito, oculo multo ad non breviore; naribus distantibus anterioribus valvatis posterioribus oblongis minoribus; osse suborbitali sub oculo oculi diametro longitudinali triplo ad duplo circ. humiliore media altitudine et postice superne squamato; maxilla superiore maxilla inferiore vix longiore sub pupilla desinente 2¼ ad 2⅓ in longitudine capitis; maxillis dentibus serie externa utroque latere antice caninis vel caninoideis quorum canino intermaxillari mediocri, ceteris inaequalibus inframaxillaribus mediis ceteris multo majoribus; dentibus vomerinis in vittam Λ-formem, palatinis utroque latere in vittam gracilem dispositis; lingua edentula; praeoperculo squamis in series 8 circ. transversas dispositis, limbo toto squamato, margine libero postice et inferne denticulato dentibus angularibus ceteris majoribus, supra angulum incisura profunda angusta aetate provectis tuberculum interoperculare conicum recipiente; squamis interoperculo tri- ad biseriatis; fascia squamarum temporali vix vel non distincta cum squamis occipitalibus et supraocularibus confluente; squamis corpore angulum aperturae branchialis superiorem inter et basin pinnae caudalis supra lineam lateralem in series 65 circ. transversas, infra lineam lateralem in series 53 circ. transversas dispositis; squamis 24 vel 25 in serie transversali anum inter et pinnam dorsalem, 7 vel 8 lineam lateralem inter et dorsalem spinosam mediam, 12 vel 13 in serie longitudinali occiput inter et pinnam dorsalem; seriebus squamarum longitudinalibus supra lineam lateralem obliquis, infra lineam lateralem horizontalibus; cauda parte libera aeque longa circ. ac postice alta; pinna dorsali parte spinosa non vel basi spinarum tantum, parte radiosa basi late squamata; dorsali spinosa spinis mediocribus sat validis mediis ceteris longioribus 2 ad 2⅓ in altitudine corporis, spina postica spina penultima et radio 1° breviore; dorsali radiosa dorsali spinosa non ad paulo humiliore, multo ad duplo longiore quam alta, obtusa, rotundata; pectoralibus analem attingentibus vel subattingentibus capite paulo brevioribus; ventralibus acutis analem non attingentibus capite absque rostro brevioribus; anali spinis validis 2ª 3ª longiore et fortiore, parte radiosa dorsali radiosa altiore, sat multo altiore quam longa, obtusa, rotundata; caudali extensa truncatiuscula vel leviter emarginata angulis acuta, capite absque rostro non ad vix breviore; colore corpore superne roseo vel violascente-roseo, inferne flavescente-roseo vel flavo; iride flava vel rosea; vittis corpore sat numerosis longitudinalibus aurantiaco-rufis vel flavis dorso obliquis infra lineam lateralem horizontalibus; macula laterali nigricante violacea vel fusca rotunda (frequenter inconspicua) sub dimidio dorsalis radiosae anteriore maxima parte supra lineam lateralem sita; pinnis roseis vel flavescentibus,

B. 7. D. 11/15 vel 11/14 vel 10/14 vel 10/15. P. 2/14 ad 2/16. V. 1/5. A. 3/7 vel 3/8 vel 3/9. C. 1/15/1 et lat. brev.

Syn. *Diacope rufolineata* CV., Poiss. VI p. 399?
Diacope vitianus Hombr. Jacq., Zool. Voy. Pôle Ind. Poiss. p. 37 tab. 2 fig. 2?
Mesoprion amboinensis Blkr, Bijdr. ichth. Moluksche eil., Nat. T. Ned. Ind. III p. 259.
Mesoprion melanopilos Blkr, Derde bijdr. ichth. Celeb., Ibid. p. 750.
Genyoroge amboinensis et *melanospilos* Günth., Cat. Fish. I p. 183.

Hab. Bali (Boleling); Celebes (Bulucomba, Badjoa, Manado); Ternata; Obi-major; Buro (Kajeli); Ceram (Ora merid.); Amboina; Waigiu; Nova-Guinea (Doreh); in mari.

Longitudo 36 speciminum 76‴ ad 220‴.

Rem. Six seulement des 32 individus de mon cabinet n'ont que dix épines dorsales, ce qui paraît indiquer que le nombre normal de ces épines soit de onze. La tache noirâtre des flancs manque dans la plupart de ces individus. Mon Mesoprion amboinensis d'autrefois repose sur des individus sans tache latérale et à onze épines dorsales et le Mesoprion melanospilos sur un individu à tache latérale et à dix épines dorsales. Le Diacope rufolineata CV. de la Nouvelle Guinée est probablement de la même espèce et fut établi sur un petit individu à onze épines dorsales et à tache latérale, et le Diacope vitianus Hombr. Jacq. pourrait bien être lui-aussi n'être point distinct. Si ces suppositions venaient d'être prouvées justes la dénomination de »rufolineatus" devrait remplacer celle d'amboinensis.

L'espèce est fort voisine des bengalensis et quinquelineatus et surtout du dernier, mais elle se distingue par quelques rangées transversales d'écailles de moins, par le sousorbitaire dénué d'écailles et par le système de coloration différent, lequel est celui des Lutjanus lutjanus et Lutjanus erythropterus.

Lutjanus chirtah Blkr, Atl. Tab. 301 Perc. tab. 23 fig. 1.

Lutj. corpore oblongo compresso, altitudine 2 ad $2\frac{4}{5}$ in ejus longitudine absque-, $2\frac{4}{5}$ ad $3\frac{1}{4}$ in ejus longitudine cum pinna caudali; latitudine corporis $2\frac{1}{3}$ ad $2\frac{2}{3}$ in ejus altitudine; capite obtusiusculo $2\frac{4}{5}$ ad 3 in longitudine corporis absque-, $3\frac{1}{3}$ ad 4 in longitudine corporis cum pinna caudali; altitudine capitis 1 ad 1 et paulo, latitudine capitis 2 circ. in ejus longitudine; vertice, fronte et regione supraoculari posteriore alepidotis; linea rostro-frontali recta vel concaviuscula; oculis diametro 3 ad 4 in longitudine capitis, diametro $\frac{3}{4}$ an 1 distantibus; rostro obtiusiusculo non convexo, apice ante oculi partem inferiorem sito, oculo sat multo ad non breviore; naribus distantibus, anterioribus valvatis posterioribus oblongis vel rimaeformibus minoribus; osse suborbitali sub oculo oculi diametro longitudinali plus duplo ad multo minus duplo humiliore, ubique alepidoto; maxilla superiore maxilla inferiore paulo ad non breviore, sub oculi dimidio anteriore desinente, $2\frac{1}{3}$ ad $2\frac{3}{4}$ in longitudine capitis; maxillis dentibus serie externa utroque latere antice caninis vel caninoideis quorum canino intermaxillari mediocri, ceteris inaequalibus inframaxillaribus mediis ceteris conspicue majoribus; dentibus vomerinis in vittam $\wedge$formem-, palatinis utroque latere in vittam gracilem dispositis; lingua edentula; praeoperculo squamis in series 6 vel 7 transversas dispositis, limbo alepidoto, margine libero postice et inferne denticulato dentibus angularibus ceteris majoribus, supra angulum valde juvenilibus incisura nulla aetate provectioribus incisura subnulla vel valde superficiali et valde aperta; fascia squamarum temporali valde distincta gracili, squamis longitudinaliter 6 vel 7 seriatis, transversim 1 ad 3-seriatis; squamis corpore angulum aperturae branchialis superiorem inter et basin pinnae caudalis supra lineam lateralem in series 74 ad 80 transversas, infra lineam lateralem in series 63 ad 70 transversas dispositis; squamis 32 ad 34 in serie transversali anum inter et pinnam dorsalem, 9 vel 10 lineam lateralem inter et dorsalem spinosam mediam, 13 circ. in serie longitudinali occiput inter et pinnam dorsalem; seriebus squamarum longitudinalibus supra et infra lineam lateralem obliquis postrorsum adscendentibus; cauda parte libera paulo breviore quam postice alta; pinna dorsali parte spinosa et parte radiosa basi valde squamosa; dorsali spinosa spinis mediocribus 3 anterioribus ceteris brevioribus ceteris subaequalibus vel 4ª 5ª et 6ª ceteris longioribus 2 et paulo ad $2\frac{2}{3}$ in altitudine corporis; dorsali radiosa dorsali spinosa altiore, non ad sat multo longiore quam alta, obtusa, rotundata, radiis mediis ceteris longioribus; pectoralibus analem non vel vix attingentibus capite paulo brevioribus; ventralibus acutis juvenilibus analem attingentibus aetate provectioribus vulgo ante anum desinentibus, capite absque rostro paulo brevioribus ad paulo longioribus; anali spinus validis 2ª et 3ª valde juvenilibus aequalibus aetate provectioribus 3ª 2ª longiore, parte radiosa dorsali radiosa non altiore, multo altiore quam longa, obtusa, rotundata, radiis mediis ceteris longioribus; caudali extensa truncata vel leviter emarginata angulis acuta capite absque rostro longiore; colore corpore superne violaceo-roseo vel fuscescente-rubro vel roseo, inferne dilutiore vel margaritaceo; iride flava roseo tincta; pinnis roseis juvenilibus plus minusve fuscescentibus; corpore *juvenilibus* (specim. long. 50‴ ad 95‴) dorso vittis pluribus obliquis, lateribus vittis 6 ad 9 horizontalibus fuscis vel rubro-fuscis; regione oculo-nuchali frequenter fascia lata obliqua fuscescente; cauda parte libera macula maxima nigricante-fusca vel fusca dorsum caudae amplectente antice postice et inferne margaritaceo vel pallide roseo subannulata; corpore *adolescentibus* (specim. long. 150‴ ad 175‴) ut in juvenilibus sed macula caudali magis diffusa et antice et postice superne tantum margaritaceo vel pallide rosea limbata; corpore *aetate provectioribus* singulis seriebus squamarum longitudinalibus vittula fuscescente-aurantiaca vel fusca, vittulis omnibus plus minusve obliquis postrorsum adscendentibus, frequenter ex guttulis distinctis compositis; *adultis* macula caudali profunda evanescente sed dorso caudae antice macula albida- vel pallide rosea.

B. 7. D. 11/13 vel 11/14 vel 11/15. P. 2/15. V. 1/5. A. 3/9 vel 3/10. C. 1/15/1 et lat. brev.

Syn. *Chirtah* Russ., Fish. Corom. I p. 74 fig. 93.

Mesoprion chirtah CV., Poiss. II p. 370; Day, New Fish. of India, Proc. Zool. Soc. 1868 p. 150.

Mesoprion annularis CV., Poiss. II p. 366; III p. 566; Rich., Rep. ichth. Chin. Rep. 15[h] meet. Brit. Assoc. p. 229; Blkr, Verh. Bat. Gen. XXII Perc. p. 47, Ibid. XXVI, N. nalez. ichth. Japan p. 65; Cant., Catal. Mal. Fish. p. 14; Günth., Cat. Fish. I p. 204; Kner, Zool. Reis. Novar. Fisch. p. 53.

Diacope annularis Rüpp, Atl. Reise N. Afr. Fisch. p. 74; N. Wirbelth. Fisch. p. 91 tab. 24 fig. 2; QG., Zool. Voy. Astrol. Poiss. p. 666, tab. 5 fig. 4; Klunz., Syn. Fisch. R. M., Verh. zool. bot. Ges. Wien, XX p. 697.

Diacope metallicus K. V. H. Icon ined.; Blkr, Topogr. Batav., Nat. Gen. Arch. Ned. Ind. II p. 525.

Mesoprion sanguineus Blkr, Verh. Bat. Gen. XXII, Perc. p. 48.

Lutjanus annularis Blkr, Deux. not. ichth. Obi, Ned. T. Dierk. I p. 240.

Tembola, Kakap-mejrah, Tambak-mejrah Mal. Batav.; *Kelellet* Ind. Cherib.; *Banbangan* Sundan.; *Sarongan, Sepah, Passopah, Tambangan* Jav.; *Moros, Dolossi* Batjan.; *Dawon lisseh* Manad.; *Delis* Amboin.

Hab. Sumatra (Tandjong, Benculen, Padang, Ulakan, Ticu, Siboga); Nias; Pinang; Singapura; Bintang (Rio); Bangka (Muntok, Karangbadji, Toboali); Biliton (Tjirutjup); Java (Batavia, Bantam, Tjiringin, Cheribon, Tjilatjap, Samarang, Patjitan, Surabaya, Pasuruan, Probolingo, Bezuki); Madura (Kammal); Bali (Boleling); Celebes (Macassar, Bulucomba, Badjoa, Manado); Batjan (Labuha); Obi-major; Amboina; in mari.

Longitudo 35 speciminum 50''' ad 280'''.

Rem. Le Lutjanus chirtah et les quatre espèces suivantes appartiennent à une série d'espèces caractérisées par des rangées longitudinales d'écailles dont celles au-dessous de la ligne latérale montent aussi bien en arrière et sont par conséquent obliques, que celles qui se trouvent au-dessus de la ligne latérale. Toutes ces espèces ont la langue lisse et le corps rose, mais elles diffèrent encore notablement les unes des autres par plusieurs caractères fort essentiels. Le chirtah se distingue surtout tant par les nombreuses rangées transversales d'écailles au-dessus et au-dessous de la ligne latérale, que par le nombre supérieur des rangées d'écailles longitudinales, et puis encore par les onze épines dorsales, par la forme arrondie de la dorsale molle et par le système de coloration.

M. Day croit le chirtah identique avec le Lutjanus malabaricus mais il s'en distingue fort essentiellement par plusieurs caractères et surtout par l'écaillure. Le malabaricus a le corps moins trapu, le profil plus pointu, une formule fort différente des écailles et la partie molle de la dorsale et de l'anale plus haute et plus pointue. Jamais aussi les jeunes du malabaricus ne possèdent la grande tache caudale brune ou noirâtre qui, bordée qu'elle est de nacrée ou de rose, est si caractéristique pour les jeunes du chirtah.

Le chirtah est fort commun à Batavia et y est pêché de temps en temps en individus assez nombreux et assez grands, mais sa chair est peu recherchée. Il est connu habiter, hors l'Insulinde, la Mer rouge, les côtes de Mozambique, de Coromandel, de Ceylon, de la Nouvelle Hollande et les mers de Chine et du Japon.

Lutjanus butonensis Blkr, Trois. mém. ichth. Halmah., Ned. T. Dierk 1 p. 155; Atl. ichth. Tab. 315 Perc. tab. 37 fig. 3.

Lutj. corpore oblongo compresso, altitudine $2\frac{2}{5}$ ad $3\frac{2}{5}$ in ejus longitudine absque-, 3 et paulo ad $3\frac{2}{5}$ in ejus longitudine cum pinna caudali; latitudine corporis 2 ad $2\frac{1}{4}$ in ejus altitudine; capite acuto $2\frac{2}{3}$ ad 5 fere in longitudine corporis absque-, $3\frac{2}{5}$ ad $3\frac{2}{3}$ in longitudine corporis cum pinna caudali; altitudine capitis 1 et paulo-, latitudine capitis 2 ad 2 et paulo in ejus longitudine; vertice, fronte et regione supraoculari posteriore alepidotis; linea rostro-frontali rectiuscula vel concaviuscula; oculis diametro $2\frac{2}{3}$ ad 4 fere in longitudine capitis, diametro $\frac{2}{3}$ ad $\frac{3}{4}$ distantibus; rostro acuto non convexo apice ante ad longe infra oculi marginem inferiorem sito, oculo sat multo breviore ad conspicue longiore; naribus distantibus anterioribus valvatis posterioribus rimaeformibus vel oblongis minoribus; osse suborbitali sub oculo oculi diametro longitudinali quadruplo ad vix humiliore, ubique alepidoto; maxillis subaequalibus, superiore juvenilibus sub pupilla aetate provectis sub oculi margine anteriore desinente, 2 et paulo ad 3 fere in longitudine capitis; maxillis dentibus serie externa utroque latere antice caninis vel caninoideis quorum canino intermaxillari mediocri, ceteris inaequalibus inframaxillaribus mediis ceteris conspicue majoribus; dentibus vomerinis in vittam $\wedge$ formem, palatinis utroque latere in vittam gracilem dispositis; lingua edentula; praeoperculo squamis in series 5 vel 6 transversas dispositis, limbo alepidoto, margine libero postice inferneque denticulato, angulo dentibus ceteris majoribus valde juvenilibus (spec. long. 38''' ad 46''') spina sat magna, supra angulum incisura valde juvenilibus nulla aetate provectioribus valde profunda et angusta processum interoperculi conicum vel spiniformem recipiente; squamis interoperculo uni- vel biseriatis; fascia squamarum temporali bene distincta, squamis longitudinaliter 7- ad 9-seriatis, transversim 2- ad 4-seriatis; squamis corpore angulum aperturae branchialis superiorem inter et basin pinnae caudalis supra lineam lateralem in series 70 ad 73 transversas, infra lineam lateralem in series 64 vel 65 transversas dispositis; squamis 26 vel 27 in serie transversali anum inter et pinnam dorsalem, 7 vel 8 lineam lateralem inter et dorsalem spinosam mediam, 14 circ. in serie longitudinali occiput inter et pinnam dorsalem; seriebus squamarum supra et infra lateralem obliquis postrorsum adscendentibus; cauda parte libera aeque longa circ. ac postice alta; pinna dorsali parte spinosa basi spinarum, parte radiosa basi late squamata; dorsali spinosa spinis sat validis

3ª 4ª 5ª ceteris longioribus 2⅓ ad 2¾ in altitudine corporis, spinis 2 posticis subaequalibus radio 1° paulo brevioribus; dorsali radiosa junioribus dorsali spinosa paulo humiliore aetate valde provectis dorsali spinosa altiore, multo ad duplo longiore quam alta, junioribus obtusa rotundata, aetate provectis postice angulata radiis subposticis ceteris longioribus; pectoralibus analem attingentibus vel subattingentibus capite paulo brevioribus; ventralibus acutis vel acute rotundatis analem non attingentibus capite absque rostro brevioribus; anali spinis validis 2ª 3ª vulgo longiore et fortiore, parte radiosa dorsali radiosa vulgo paulo altiore, paulo ad multo altiore quam longa, juvenilibus adolescentibusque obtusa rotundata, aetate magis provectis angulata, radiis mediis ceteris longioribus; caudali extensa vix ad sat conspicue emarginata angulis acuta vel acute rotundata capite absque rostro longiore; colore corpore superne roseo vel violascente, inferne roseo- vel violascente-margaritaceo; iride flava; dorso postice superne, cauda parte libera et basi pinnae caudalis junioribus praesertim nigricante-fuscis vel purpureo-violaceis, aetate provectis autem frequenter coloribus non distinctis; dorso lateribusque superne singulis seriebus squamarum longitudinalibus vittula aurantiaco-fusca vel violaceo-fusca obliqua postrorsum plus minusve adscendente; pinnis roseis vel violascente-roseis vel violaceis. pectoralibus interdum aurantiacis; dorsali radiosa superne, anali radiosa inferne, caudali postice flavo marginatis.

B. 7. D. 10/14 vel 10/15. P. 2/15. V. 1/5. A. 3/8 vel 3/9. C. 1/15/1 et lat. brev.

Syn. *Holocentrus boutton* Lac., Poiss. IV p. 331, 367.
Diacope bottonensis CV., Poiss. II p. 328.
Diacope axillaris CV., Poiss. VI p. 400?
Diacope melanura Rüpp., N. Wirbelth. Fisch. p. 92 tab. 23 fig. 1?
Mesoprion bottonensis Blkr, N. bijdr. Percoid., Nat. T. Ned. Ind. II p. 170; Kner, Zool. Reis. Novara Fisch. p. 32 tab. 2 fig. 3.
Mesoprion janthinurus Blkr, Bijdr. ichth. Halmah., N. T. Ned. Ind. VI p. 52.
Genyoroge bottonensis et *melanura* Günth., Cat. Fish. I p. 181, 183; Günth. Playf., Fish. Zanzib. p. 16.

Hab. Sumatra (Padang, Ulakan); Batu; Bali (Boleling); Timor (Kupang, Atapupu); Letti; Celebes (Macassar Bulucomba, Badjoa, Manado, Tanawanko, Tombariri); Buton; Sangir; Halmahera (Sindangole); Ternata; Batjan (Labuha); Obi-major; Buro (Kajeli); Ceram (Wahai); Amboina;

Goram; Banda (Neira); Aru; Nova-Guinea; in mari.
Longitudo 71 speciminum 38‴ ad 320‴.

Rem. Les affinités du bottonensis sont celles des Lutjanus chirtah et dodecacanthoides. A l'âge un peu avancé l'espèce se distingue par la profondeur de l'échancrure préoperculaire et par le tubercule fort prononcé conique ou en forme d'épine de l'interopercule, mais on ne voit rien ni de cette échancrure ni du tubercule dans les individus du fort jeune âge. Elle se distingue plus essentiellement par les dix épines dorsales, par la forme arrondie et obtuse de la dorsale molle qui est beaucoup plus longue que haute, et par les huit rangées longitudinales d'écailles au-dessus de la ligne latérale. La diagnose est facilitée encore par la couleur brun-violatre ou noirâtre de la partie postérieure du dos, de la partie libre de la queue et de la base ou de la moitié antérieure de la caudale, mais cette couleur se perd souvent par une conservation prolongée dans la liqueur, surtout dans les individus d'un âge avancé. — Je crois reconnaître la même espèce dans le Diacope axillaris CV. et dans le Diacope melanura Rüpp.

L'espèce a été trouvée aussi sur les côtes de Zanzibar, et si en effet le Diacope melanura Rüpp. n'est point différent, elle habite aussi la Mer rouge. MM. Rüppell et Klunzinger cependant ne voient dans le Diacope melanura qu'une variété ou que le jeune âge du Lutjanus gibbus Bl.Schn., espèce qui est dite n'avoir que 50 écailles dans la ligne latérale et par conséquent fort différente du butonensis.

Lutjanus dodecacanthoides Blkr, Enum. poiss. Amboine, Ned. T. Dierk. II p. 278; Atl. ichth. Tab. 296 Perc. tab. 18 fig. 2.

Lutj. corpore oblongo compresso altitudine $2\frac{2}{5}$ ad $2\frac{3}{4}$ in ejus longitudine absque-, 3 et paulo ad $3\frac{1}{2}$ in ejus longitudine cum pinna caudali; latitudine corporis $2\frac{1}{5}$ ad $2\frac{1}{3}$ in ejus altitudine; capite acuto $2\frac{3}{4}$ ad $2\frac{4}{5}$ in longitudine corporis absque-, $3\frac{1}{2}$ ad $3\frac{3}{5}$ in longitudine corporis cum pinna caudali; altitudine capitis 1 fere- ad 1 et paulo-, latitudine capitis 2 ad 2 et paulo in ejus longitudine; linea rostro-frontali recta vel concaviuscula; vertice, fronte et regione supraoculari posteriore alepidotis; oculis diametro 3 ad $3\frac{1}{3}$ in longitudine capitis, diametro $\frac{3}{5}$ ad $\frac{2}{3}$ distantibus; rostro acuto non convexo, apice ante vel paulo infra oculi marginem inferiorem sito, oculo paulo breviore ad paulo longiore; naribus distantibus anterioribus valvatis posterioribus oblongis minoribus;

osse suborbitali sub oculo oculi diametro longitudinali duplo ad sat multo minus duplo humiliore, ubique alepidoto; maxillis subaequalibus superiore sub pupilla vel vix ante pupillam desinente $2\frac{1}{3}$ ad $2\frac{1}{4}$ in longitudine capitis; maxillis dentibus serie externa utroque latere anticis caninis vel caninoideis, ceteris mediocribus inaequalibus inframaxillaribus mediis ceteris conspicue majoribus; dentibus vomerinis in vittam $\wedge$ formem-, palatinis utroque latere in vittam gracilem dispositis; lingua edentula; praeoperculo squamis in series 6 transversas dispositis, limbo alepidoto, margine libero postice et inferne denticulato dentibus angulo ceteris majoribus, supra angulum juvenilibus incisura nulla aetate provectioribus incisura valde superficiali et valde aperta; fascia squamarum temporali valde distincta, non cum fascia lateris oppositi unita, squamis transversim 9 ad 11 seriatis longitudinaliter 2 ad 3 seriatis; squamis corpore angulum aperturae branchialis superiorem inter et basin pinnae caudalis supra lineam lateralem in series 64 ad 66 transversas, infra lineam lateralem in series 56 ad 58 transversas dispositis; squamis 25 circ. in serie transversali anum inter et pinnam dorsalem, 6 vel 7 lineam lateralem inter et dorsalem spinosam mediam, 12 vel 13 in serie longitudinali occiput inter et pinnam dorsalem; seriebus squamarum longitudinalibus supra lineam lateralem valde obliquis, infra lineam lateralem parum obliquis; cauda parte libera breviore quam postice alta; pinna dorsali parte spinosa basi spinarum tantum, parte radiosa basi late squamata; dorsali spinosa spinis validis mediis ceteris longioribus 2 ad $2\frac{1}{2}$ in altitudine corporis, spinis 2 posticis subaequalibus radio 1° paulo brevioribus; dorsali radiosa dorsali spinosa non altiore, sat multo sed multo minus duplo longiore quam alta, obtusa, rotundata, radiis mediis ceteris longioribus corpore plus duplo humilioribus; pectoralibus analem attingentibus capite non ad paulo brevioribus; ventralibus acutis analem non attingentibus capite absque rostro paulo brevioribus; anali spinis validis spina 2ª spina 3ª paulo longiore et fortiore, parte radiosa dorsali radiosa non vel vix altiore, altiore quam longa, antice quam medio et postice altiore, margine inferiore convexa vel rectiuscula; pinna caudali extensa truncata vel leviter emarginata angulis acuta capite absque rostro non ad paulo longiore; colore corpore superne roseo, inferne pallide roseo vel margaritaceo; iride flavescente; vittis corpore utroque latere 5 ad 7 obliquis postrorsum adscendentibus aurantiaco-fuscis vel fuscis, vittis 2 superioribus nucho-dorsalibus basin dorsalis spinosae attingentibus (quarum superiore aetate provectioribus inconspicua), vittis 3ª 4ª et 5ª operculo-dorsalibus basin dorsalis radiosae attingentibus, vitta 6ª operculo-caudali cauda postice superne desinente, vitta

7ª (aetate provectis inconspicua) thoraco-caudali cauda postice inferne desinente; dorso caudae medio (juvenilibus tantum) macula fuscescente-aurantiaca; pinnis flavis vel aurantiacis, dorsali spinosa margaritaceo nebulata.

B. 7. D. 12/13 vel 12/14. P. 2/15. V. 1/5. A. 3/8 vel 3/9. C. 1/15/1 et lat. brev.

Syn. *Mesoprion dodecacanthoides* Blkr, Vijfde bijdr. ichth. Amboina, Nat. T. Ned. Ind. VI p. 489; Günth., Catal. Fish. I p. 206.

Hab. Sumbawa (Bima); Amboina; in mari.

Longitudo 4 speciminum 110''' ad 220'''.

Rem. Je ne continue à l'espèce actuelle le nom mal choisi que pour ne pas augmenter inutilement les synonymes. Elle est voisine par les formes générales, du malabaricus, mais s'en distingue essentiellement par plusieurs détails de l'écaillure du corps et du préopercule, par la forme de la bande des dents vomériennes et par la forme anguleuse et pointue de la dorsale molle qui est plus haute que longue. A l'état frais on la reconnaît au premier aspect aux cinq bandelettes longitudinales brun-orange qui montent obliquement en arrière, mais qui disparaissent ordinairement par une conservation prolongée dans la liqueur. Elle paraît être assez rare puisque je n'en ai vu que les quatre individus de mon cabinet.

Lutjanus malabaricus Blkr, Atl. ichth. Tab. 293, Perc. tab. 15 fig. 1.

Lutj. corpore oblongo compresso, altitudine $2\frac{2}{5}$ ad $2\frac{4}{5}$ in ejus longitudine absque-, 3 ad $3\frac{1}{3}$ in ejus longitudine cum pinna caudali; latitudine corporis $2\frac{1}{3}$ ad 2^2 in ejus altitudine; capite acutiusculo $2\frac{2}{3}$ ad 3 fere in longitudine corporis absque-, $3\frac{2}{5}$ ad $3\frac{4}{5}$ in longitudine corporis cum pinna caudali, aeque alto circ. ac longo; latitudine capitis 2 et paulo ad $2\frac{1}{2}$ in ejus longitudine; linea rostro-frontali recta vel concaviuscula; vertice, fronte et regione supra-oculari posteriore alepidotis; oculis diametro 3 ad 4 et paulo in longitudine capitis, diametro $\frac{3}{5}$ ad 1 fere distantibus; rostro acutiusculo non convexo, apice ante vel vix infra oculi marginem inferiorem sito, oculo paulo breviore ad multo longiore; naribus distantibus anterioribus valvatis posterioribus oblongis minoribus; osse suborbitali sub oculo oculi diametro longitudinali paulo plus duplo ad non humiliore ubique alepidoto; maxillis subaequalibus, superiore sub pupillae parte anteriore desinente $2\frac{1}{3}$ ad $2\frac{2}{3}$ in longitudine capitis; maxillis dentibus serie externa utroque later anticis caninis vel caninoideis quorum canino intermaxillari parvo, ceteris mediocribus inaequalibus inframaxillaribus mediis ceteris conspicue majoribus; dentibus vomerinis in thurmam triangularem-, palatinis utroque latere in vittam gracilem dispositis; lingua edentula; praeoperculo squamis in series 7 ad 9 transversas dispositis, limbo alepidoto, margine libero subrectangulo angulo rotundato postice et inferne denticulato denticulis angulum versus ceteris fortioribus, supra angulum incisura superficiali valde aperta; fascia squamarum temporali valde distincta non cum fascia lateris oppositi unita, squamis transversim 8- ad 10-seriatis, longitudinaliter 2- ad 3-seriatis; squamis corpore angulum aperturae branchialis superiorem inter et basin pinnae caudalis supra lineam lateralem in series 64 ad 66 transversas, infra lineam lateralem in series 52 ad 55 transversas dispositis; squamis 26 ad 28 in serie transversali anum inter et basin pinnae dorsalis, 7 vel 8 lineam lateralem inter et dorsalem spinosam mediam, 13 circ. in serie longitudinali occiput inter et pinnam dorsalem; seriebus squamarum longitudinalibus supra lineam lateralem valde obliquis, infra lineam lateralem parum obliquis; cauda parte libera non ad paulo longiore quam postice alta; pinna dorsali parte spinosa basi spinarum tantum parte radiosa basi late squamata; dorsali spinosa spinis validis 3ª 4ª et 5ª ceteris longioribus $2\frac{1}{4}$ ad 3 in altitudine corporis, spinis posticis subaequalibus radio 1° brevioribus; dorsali radiosa dorsali spinosa multo altiore, paulo ad sat multo altiore quam longa, acutangula, radiis mediis radiis ceteris longioribus $1\frac{2}{3}$ ad $1\frac{2}{3}$ in altitudine corporis; pectoralibus initium analis attingentibus vel superantibus capite paulo ad non brevioribus; ventralibus acutis analem non attingentibus capite absque rostro brevioribus; anali spinis validis 2ª et 3ª subaequalibus, parte radiosa dorsali radiosa non altiore, duplo fere ad plus duplo altiore quam longa, vulgo acutangula radiis mediis radiis ceteris longioribus; caudali extensa truncata vel vix emarginata angulis acuta capite absque rostro paulo longiore ad paulo breviore; colore corpore pinnisque roseo; iride rosea vel flavescente; seriebus squamarum longitudinalibus dorso lateribusque singulis vel plurimis vulgo vittula aurantiaca, vittulis dorso valde obliquis vittulis lateribus parum obliquis; cauda parte libera antice macula rubro-violacea vel pallide rosea (conservatione in liquore protracta albescente vel margaritacea) dorsum caudae cingente adultis non vel vix conspicua; pinnis, aetate minus provectis, dorsali radiosa superne et caudali postice fuscescente marginatis, anali radiosa fascia intramarginali fusca vel violacea margine libero antice albida, ventrali margine anteriore albida.

B. 7. D. 11/14 vel 11/15 vel 12/13 vel 12/14. P. 2/14 vel 2/15. V. 1/5. A. 3/8 vel 3/9. C. 1/15/1 et lat. brev.

Syn. *Sparus malabaricus* Bl. Schn., Syst. p. 278.
Diacope timoriensis QG., Zool. Voy. Freycin. p. 306 tab. 57 fig. 1 ?
Diacope Calveti CV., Poiss. II, p. 324 ? ; Schl., Faun. Jap. Poiss. p. 14 ?
Mesoprion malabaricus CV., Poiss. II, p. 364 ; Blkr, N. tient. beschr. vischs. Sumatra. Nat. T. N. Ind. V. p. 497 ; Günth., Cat. Fish. I p. 204.
Mesoprion dodecacanthus Blkr, Derde bijdr. ichth. Amb. Nat. T. Ned. Ind. IV p. 104 ; Günth., Cat. Fish. I p. 206.
Mesoprion timoriensis Günth., Cat. Fish. I p. 205 ?
Lutjanus dodecacanthus Blkr, Enum. espèc. poiss. Amb., Ned. T. Dierk. II p. 278 ; Atl. ichth. Tab. 302, Perc. tab. 24 fig. 2.

Hab. Java (Batavia) ; Sumatra (Padang, Ulakan) ; Buro (Kajeli) ; Amboina ; Timor ? ; in mari.

Longitudo 8 speciminum 101''' ad 470'''.

Rem. Bien que le nombre normal des épines dorsales, dans cette espèce, paraisse être de onze, trois de mes individus en montrent douze. La dernière épine cependant, s'il y en a douze, est toujours plus grêle que les autres et elle n'est manifestement qu'une transformation du premier rayon mou. — J'ai déjà indiqué ci-dessus les caractères qui distinguent la malabaricus du chirtah. Jamais on ne voit, dans le malabaricus, la grande tache noirâtre de la queue qui caractérise le chirtah. La tache nacrée ou rose sur le haut de la queue près du dernier rayon dorsal se dessine très nettement, tant dans les individus d'un âge assez avancé que dans les jeunes, mais elle n'est presque plus visible dans les individus de plus de 400''' de long. Je crois reconnaître le malabaricus dans la figure citée du Diacope timoriensis.

L'espèce n'est connue, hors l'Insulinde, que des côtes de Malabar et du Japon, bien que cette dernière localité soit un peu incertaine.

Le Diacope tica Less. (borensis CV.), de l'île de Borabora, espèce à dix épines dorsales, doit être fort voisin du malabaricus, et pourrait bien n'en pas être distinct.

Parmi les espèces américaines le Lutjanus vivanus (Mesoprion vivanus Günth.) a beaucoup d'affinités avec le malabaricus par la dorsale et l'anale molles anguleuses et pointues, par l'absence de dents linguales, par la direction un peu oblique des rangées longitudinales d'écailles au-dessous de la ligne latérale, et par la formule des écailles (rang. transv. $\frac{65}{50}$; rang. long. $\frac{9-10}{20}$); mais il est encore fort distinct par la formule de la dorsale (10/14 ou 10/15), par le profil qui est beaucoup plus obtus, par les angles beaucoup plus pointus de la caudale, etc.

Lutjanus Sebae Blkr, Six. notic. ichth. Siam, Ned. T. Dierk. II p. 173.

Lutj. corpore oblongo compresso, altitudine 2 ad $2\frac{1}{4}$ in ejus longitudine absque-, $2\frac{1}{2}$ ad 3 fere in ejus longitudine cum pinna caudali; latitudine corporis $2\frac{2}{3}$ ad $2\frac{3}{4}$ in ejus altitudiue; capite acutiusculo $2\frac{2}{3}$ ad $2\frac{3}{4}$ in longitudine corporis absque-, $3\frac{2}{5}$ ad $3\frac{3}{5}$ in longitudine corporis cum pinna caudali; aeque alto circ. ac longo; latitudine capitis $2\frac{1}{3}$ ad 2 et paulo in ejus longitudine; linea rostro-frontali recta vel concaviuscula; vertice fronte et regione supraoculari posteriore alepidotis; oculis diametro 4 ad $4\frac{2}{3}$ in longitudine capitis, diametro $\frac{2}{5}$ ad $\frac{4}{5}$ distantibus; rostro acutiusculo non convexo, apice infra oculi margine inferiore sito, oculo paulo ad multo longiore; naribus distantibus anterioribus valvatis posterioribus rimaeformibus minoribus; osse suborbitali sub oculo oculi diametro longitudinali paulo altiore, ubique alepidoto; maxilla superiore maxilla inferiore paulo longiore, sub oculi dimidio anteriore desinente, $2\frac{1}{2}$ ad $2\frac{3}{4}$ in longitudine capitis; maxillis dentibus serie externa utroque latere anticis 2 caninis parvis vel caninoideis, ceteris mediocribus inaequalibus inframaxillaribus mediis ceteris non multo majoribus; dentibus vomerinis in thurmam triangularem-, palatinis utroque latere in vittam gracilem dispositis; lingua edentula; praeoperculo squamis in series 6 transversas dispositis, limbo alepidoto, margine libero postice et inferne denticulato denticulis angulum versus ceteris fortioribus, supra angulum incisura superficiali ad sat profunda et sat angusta; fascia squamarum temporali valde distincta, non cum fascia lateris oppositi unita, gracillima, squamis transversim 5- ad 7-seriatis longitudinaliter 1- ad 2-seriatis; squamis corpore angulum aperturae branchialis superiorem inter et basin pinnae caudalis supra lineam lateralem in series 64 circ. transversas, infra lineam lateralem in series 60 circ transversas dispositis; squamis 31 vel 32 in serie transversali anum inter et pinnam dorsalem, 8 circ. lineam lateralem inter et basin dorsalis spinosae mediam, 14 vel 15 in serie longitudinali occiput inter et pinnam dorsalem; seriebus squamarum longitudinalibus supra lineam lateralem valde obliquis, infra lineam lateralem leviter obliquis; cauda parte libera aeque longa circ. ac postice alta;

pinna dorsali basi parte spinosa leviter parte radiosa late squamata; dorsali spinosa spinis validis 1ª ceteris breviore, 2ª et 3ª vel 2ª 3ª et 4ª ceteris longioribus 2 ad 3 in altitudine corporis, spina postica spina penultima longiore radio 1° breviore; dorsali radiosa dorsali spinosa multo altiore, conspicue altiore quam longa, acutangula, radiis mediis ceteris longioribus 1¾ ad 2 in altitudine corporis; pectoralibus initium analis superantibus capite paulo brevioribus ad paulo longioribus; ventralibus acutis vel acute rotundatis anum attingentibus vel superantibus, capite absque rostro non ad paulo brevioribus; anali spinis validis 3ª ceteris et oculo longiore radio 1° breviore, parte radiosa duplo ad plus duplo altiore quam longa, acutangula, radiis mediis radiis ceteris longioribus et radiis dorsalibus longissimis non vel vix brevioribus; caudali extensa leviter emarginata angulis acuta, capite absque rostro paulo ad non longiore; colore corpore flavescente, albido-roseo vel roseo, pinnis flavescente vel roseo; iride flava vel rosea; fasciis corpore transversis rubro-fuscis vel fuscis 3 aetate provectis dilutioribus, fascia anteriore nucho-oculo-supramaxillari oculo paulo latiore, fascia media dorso-postaxillo-ventrali fascia anteriore latiore pinnam dorsalem spinosam intrante margineque ejus superiore desinente, fascia 3ª dorso-caudali spinis dorsalibus posterioribus incipiente curvatura magna caudam versus descendente et radios caudales inferiores tegente; squamis corpore singulis basi vulgo guttula margaritacea; pinnis, dorsali radiosa margine superiore, anali radiosa margine anteriore late purpureis vel nigricante-fuscis albido limbatis; ventralibus apicem versus et interdum totis purpureis vel fuscis; caudali apices versus purpurea vel nigricante-fusca extremis apicibus alba.

B. 7. D. 11/16 vel 11/17. P. 2/14 vel 2/15. V. 1/5. A. 3/10 vel 3/11. C. 1/15/1 et lat. brev.

Syn. *Perca maxillis aequalibus lineis utrinque duabus transversis nigricantibus* Art. in Seb., Thes. III p. 77, tab. 27 fig. 11.

Bottawoo champah Russ., Corom. Fish. I p. 77 fig. 99.

Diacope Sebae et *siamensis* CV., Poiss. II p. 310, VI p. 394; Klunz., Syn. Fisch. R. M., Verh. zool. bot. Ges. Wien, XX. p. 692.

Mesoprion Sebae Blkr, Verh. Bat. Gen. XXII Perc. p. 45.

Genyoroge sebae Günth., Catal. Fish. I p. 176.

Djenanah Mal.

Hab. Sumatra (Telokbetong, Siboga); Singapura; Biliton (Tjirutjup); Java (Batavia); Bali (Boleling); Celebes (Macassar, Bulucomba, Manado); Batjan

(Labuha); Amboina; Waigiu; Nova-Guinea; in mari.
Longitudo 14 speciminum 145‴ ad 260‴.

Rem. Je possède, outre les individus décrits, un individu du fort jeune âge de 55‴ de long, où les nageoires dorsale et anale molles sont encore arrondies et où les bandes transversales foncées du corps sont relativement plus larges en sorte qu'on pourrait dire la couleur du dos brunâtre traversée par deux bandes blanchâtres ou jaunâtres grêles. Passées cependant ce fort jeune âge la dorsale molle et l'anale molle deviennent anguleuses et pointues et beaucoup plus hautes que longues.

L'espèce est des plus faciles à distinguer, non seulement par la distribution particulière des couleurs, mais aussi par les 16 ou 17 rayons mous de la dorsale et par les 10 ou 11 rayons de l'anale, caractères auxquels se joignent encore ceux de la formule des écailles du corps et du préopercule.

A Batavia le Sebae est assez commun, mais peu recherché, comme presque toutes les espèces de Lutjanus. — Hors l'Inde archipélagique il habite les côtes d'Aden, de Zanzibar, de Mozambique, de Coromandel et de Siam et l'Archipel des Louisiades.

Lutjanus semicinctus QG., Zool. Voy. Freycin. p. 303; Blkr, Enum. esp. poiss. Amb., Ned. T. Dierk. II p. 278.

Lutj. corpore oblongo compresso, altitudine $2\frac{1}{4}$ ad 3 fere in ejus longitudine absque-, $3\frac{1}{3}$ ad $3\frac{2}{3}$ in ejus longitudine cum pinna caudali; latitudine corporis $1\frac{4}{5}$ ad $2\frac{1}{3}$ in ejus altitudine; capite acutiusculo $2\frac{3}{4}$ ad 3 fere in longitudine corporis absque-, 3 et paulo ad $3\frac{2}{3}$ in longitudine corporis cum pinna caudali, paulo longiore quam alto; latitudine capitis 2 fere ad $2\frac{1}{2}$ in ejus longitudine; linea rostro-frontali recta vel concaviuscula; vertice, fronte et regione supraoculari posteriore alepidotis; oculis diametro $3\frac{1}{4}$ ad $4\frac{1}{2}$ in longitudine capitis, diametro $\frac{2}{3}$ ad $\frac{4}{5}$ distantibus; rostro acuto non convexo, apice ante vel infra oculi marginem inferiorem sito, oculo paulo breviore ad conspicue longiore; naribus distantibus anterioribus valvatis posterioribus oblongis vix minoribus; osse suborbitali sub oculo oculi diametro longitudinali duplo ad non humiliore ubique alepidoto; maxillis aequalibus, superiore sub pupilla desinente 2 et paulo ad $2\frac{1}{3}$ in longitudine capitis; maxillis dentibus serie externa utroque latere anticis caninis mediocribus vel caninoideis, ceteris mediocribus inaequalibus inframaxillaribus mediis ceteris conspicue majoribus; dentibus vomerinis in thurmam triangularem-, palatinis utroque latere in vittam gracilem dispositis; lingua medio antice denticulis scabra; praeoperculo squamis in series 8 circ. transversas dispositis, limbo alepidoto, margine libero postice anguloque denticulato denticulis angularibus celeris fortioribus, supra angulum incisura subnulla vel valde superficiali et valde aperta; squamis interoperculo bi- ad uniseriatis; fascia squamarum temporali bene distincta, non cum fascia lateris oppositi unita, squamis valde inaequalibus transversim 7 ad 12 seriatis longitudinaliter 2 ad 5 seriatis; squamis corpore angulum aperturae branchialis superiorem inter et basin pinnae caudalis supra lineam lateralem in series 64 circ. transversas, infra lineam lateralem in series 52 circ. transversas dispositis; squamis 25 circ. in serie transversali anum inter et basin pinnae dorsalis, 6 lineam lateralem inter et dorsalem spinosam mediam, 11 circ. in serie longitudinali occiput inter et pinnam dorsalem; seriebus squamarum longitudinalibus supra lineam lateralem obliquis, infra lineam lateralem horizontalibus; cauda parte libera aeque longa circ. ac postice alta; pinna dorsali parte spinosa non vel vix, parte radiosa basi late squamata; dorsali spinosa spinis mediocribus sat validis mediis celeris longioribus 2¼ circ. in altitudine corporis, spina postica spina penultima et radio 1° breviore; dorsali radiosa dorsali spinosa non altiore, multo ad duplo longiore quam alta, obtusa, rotundata; pectoralibus analem non vel vix attingentibus capite brevioribus; ventralibus acutis vel acute rotundatis analem non attingentibus capite absque rostro brevioribus; anali spinis validis 2ª quam 3ª paulo longiore et fortiore, parte radiosa non multo altiore quam longa antice quam medio et postice altiore obtuse rotundata dorsali radiosa non humiliore; caudali extensa truncata vel vix emarginata angulis acuta capite absque rostro non ad paulo breviore; colore corpore superne olivaceo, inferne viridescente vel flavescente-margaritaceo; iride viridescente vel flavescente; fasciis corpore superne transversis 8 subaequidistantibus fusco-violaceis vel fuscis inferne gracilescentibus vix infra media latera descendentibus; cauda postice macula magna rotunda nigricante-fusca basin pinnae caudalis plus minusve intrante; pinnis roseis vel aurantiacis, dorsali spinosa fusco marginata.

B. 7. D. 10/13 vel 10/14. P. 2/14. V. 1/5. A. 3/8 vel 3/9. C. 1/15/1 et lat. brev.

Syn. *Mesoprion semicinctus* CV., Poiss. II p. 367; Blkr, Vierde bijdr. ichth. Amboina, Nat. T. Ned. Ind. V p. 331; Günth., Cat. Fish. I p. 209.

Hab. Batjan (Labuha); Obi-major; Amboina; Goram; Waigiu; Rawak; Nova-Guinea; in mari.

Longitudo 7 speciminum 62''' ad 252'''.

Rem. Le Lutjanus semicinctus et toutes les espèces suivantes ont le front et le vertex dénués d'écailles, les rangées longitudinales d'écailles au-dessus de la ligne latérale obliques et celles au-dessous de cette ligne horizontales. Ce groupe est plus riche en formes que les groupes précédents. Celles qui font partie de la Faune insulindienne ont toutes dix épines et de treize à seize rayons à la dorsale et huit ou neuf rayons à l'anale, le limbe préoperculaire nu et la dorsale molle obtuse et arrondie. La distinction des espèces de ce groupe n'est plus aussi facile que celle autres espèces, mais je ne doute point qu'on n'y parvienne à leur diagnose nette et sure en employant, outre les couleurs et les caractères usités généralement par les auteurs, les formules de l'écaillure et les particularités de la dentition, surtout de celles du vomer et de la langue.

Pour ce qui regarde les 14 espèces insulindiennes, quatre d'entre elles ont les dents vomériennes disposées en groupe triangulaire ou quadrangulaire et un groupe de dents sur la langue, et elles ont encore de commun un nombre de 64 ou 65 rangées transversales d'écailles au-dessus-, et de 52 à 54 au-dessous de la ligne latérale. Ce sont les Lutjanus semicinctus, bohar, rangus et fulviflamma. Les deux premiers se distinguent du rangus et du fulviflamma par les 8 rangées d'écailles préoperculaires et par les 25 ou 26 écailles sur une rangée transversale, et le semicinctus se fait reconnaître par son préopercule à échancrure presque nulle, par les 6 rangées longitudinales d'écailles au-dessus de la ligne latérale, et surtout par les bandes transversales brunâtres du corps et par la grande tache noirâtre de la queue. Le semicinctus ne paraît habiter que les mers des Moluques et de la Nouvelle-Guinée.

Lutjanus bohar Bl. Schn., Syst. p. 325.

Lutj. corpore oblongo compresso, altitudine $2\frac{2}{5}$ ad $2\frac{3}{4}$ in ejus longitudine absque-, 3 ad $3\frac{1}{2}$ in ejus longitudine cum pinna caudali; latitudine corporis 2 ad $2\frac{1}{2}$ in ejus altitudine; capite acuto $2\frac{2}{3}$ ad 3 fere in longitudine corporis absque-, $3\frac{1}{3}$ ad $3\frac{3}{5}$ in longitudine corporis cum pinna caudali; altitudine capitis $1\frac{1}{5}$ circ.-, latitudine capitis 2 et paulo ad $2\frac{1}{3}$ in ejus longitudine; linea rostro-frontali rectiuscula; vertice, fronte et regione supraoculari posteriore alepidotis; oculis diametro $3\frac{1}{2}$ ad $3\frac{2}{3}$ in longitudine capitis, diametro $\frac{2}{3}$ ad $\frac{3}{4}$ distantibus; rostro acuto non convexo, apice ante oculi marginem inferiorem sito, oculo paulo breviore ad paulo longiore; naribus distantibus anterioribus valvatis posterioribus oblongis vel rimaeformibus minoribus; osse suborbitali sub oculo oculi diametro longitudinali triplo ad duplo humiliore ubique alepidoto; maxillis aequalibus, superiore sub pupilla desinente 2 ad 2¼ in longitudine capitis; maxillis dentibus serie externa utroque latere anticis caninis vel caninoideis quarum canino intermaxillari magno, ceteris inaequalibus, inframaxillaribus mediis ceteris multo majoribus; dentibus vomerinis in thurmam triangularem-, palatinis utroque latere in vittam sat gracilem-, lingualibus in thurmas 2 oblongas inaequales dispositis; praeoperculo squamis in series 8 transversas dispositis, limbo alepidoto, margine libero postice anguloque denticulato dentibus angularibus ceteris majoribus, supra angulum incisura sat profunda et sat aperta tuberculum interoperculare aetate provectis conicum recipiente; squamis interoperculo bi- vel uniseriatis; fascia squamarum temporali bene distincta, non cum fascia lateris oppositi unita, squamis transversim 7- vel 8-seriatis, longitudinaliter 1- ad 2-seriatis; squamis corpore angulum aperturae branchialis superiorem inter et basin pinnae caudalis supra lineam lateralem in series 65 circ. transversas, infra lineam lateralem in series 52 circ. transversas dispositis; squamis 25 circ. in serie transversali anum inter et pinnam dorsalem, 7 lineam lateralem inter et dorsalem spinosam mediam, 15 circ. in serie longitudinali occiput inter et pinnam dorsalem; seriebus squamarum longitudinalibus supra lineam lateralem obliquis, infra lineam lateralem horizontalibus; cauda parte libera paulo longiore quam postice alta; pinna dorsali parte spinosa non vel vix-, parte radiosa basi late squamata; dorsali spinosa spinis validis mediis ceteris longioribus 2 ad 2½ in altitudine corporis, spina postica spina penultima et radio 1° breviore; dorsali radiosa dorsali spinosa humiliore, multo ad duplo fere longiore quam alta, obtusa, rotundata; pectoralibus analem attingentibus vel fere attingentibus capite paulo brevioribus; ventralibus acutis analem non attingentibus capite absque rostro brevioribus; anali spinis validis crassis 2ª et 3ª subaequalibus radio 1° brevioribus, parte radiosa dorsali radiosa altiore, sat multo altiore quam longa, quadratiuscula, margine inferiore convexa; caudali extensa sat emarginata lobis acutis capite absque rostro longioribus; colore corpore superne rubro-violaceo, inferne roseo vel roseo-margaritaceo; iride flavescente, rubro tincta; seriebus squamarum dorso lateribusque singulis vittula violascente-fusca, vittis dorso obliquis lateribus horizontalibus; dorso maculis 2 rotundiusculis margaritaceis vel flavescentibus anteriore sub spinis dorsalibus subposticis, posteriore sub radiis dorsalibus posticis; dorso caudae postice linea mediana vulgo macula margaritacea vel flava; pinnis roseis, dorsali spinosa membrana majore parte fuscescente, dorsali radiosa et anali antice fuscis, caudali superne et inferne fascia longitudinali intramarginali fusca; ventralibus radium 1m inter et 3m vel 4m fuscis; axillis fuscescentibus.

B. 7. D. 10/14 vel 10/15. P. 2/14 vel 2/15. V. 1/5. A. 3/8 vel 3/9. C 1/15/1 et lat. brev.

Syn. *Sciaena bohar* Forsk., Descr. anim. p. 40; L. Gm., Syst. Nat. ed. 13a p. 1300.
Sparus lepisurus Lac., Poiss. III p. 404 tab. 15 fig. 2.
Diacope bohar CV., Poiss. II p. 327; Rüpp., Atl. R. N. Afr. Fisch. p. 73; N. Wirb. Fisch. p. 103; Klunz., Syn. Fisch. R. M. Verh. z. b. Ges. Wien. XX p. 699.
Diacope quadriguttata CV., Poiss. II p. 322; VI p. 401; Rüpp., Atl. R. N. Afr. Fisch. p. 73.
Mesoprion quadriguttatus Blkr, Bijdr. ichth. Banda, Nat. T. N. Ind. II p. 233.
Mesoprion bohar Günth., Catal. Fish. I p. 190.

Hab. Sumatra (Priaman); Batu; Celebes (Macassar, Bulucamba, Manado); Timor (Atapupu); Batjan (Labuha); Amboina; Banda (Neira); Nova-Guinea (Or. septentr.); in mari.

Longitudo 7 speciminum 86‴ ad 247‴.

Rem. D'après les vues de Cuvier-Valenciennes le bohar serait un Diacope et d'après celles de M. Steindachner un Mesoprion. C'est une espèce à échancrure préoperculaire profonde et à dents linguales, voisine par plusieurs rapports du semicinctus, mais elle s'en fait aisément distinguer par l'absence de bandes transversales et de tache caudale noire, par les stries longitudinales brunâtres du corps et par les deux taches nacrées ou jaunâtres sous la fin de la dorsale épineuse et de la dorsale molle. J'y trouve aussi une rangée longitudinale d'écailles de plus au-dessus de la ligne latérale.

Le bohar fut découvert par Forskaol dans la Mero rouge, et retrouvée depuis, hors l'Insulinde, dans les mers de Mozambique, de Madagascar, de l'île Maurice et des Seychelles.

Lutjanus rangus Blkr, Derde bijdr. ichth. Bali, Nat. T. Ned. Ind. XVII p. 154; Atl. ichth. Tab. 299 Perc. tab. 21 fig. 3.

Lutj. corpore oblongo compresso, altitudine 3 fere ad 3 in ejus longitudine absque-, $3\frac{3}{4}$ ad $3\frac{5}{6}$ in ejus longitudine cum pinna caudali; latitudine corporis 2 circ. in ejus altitudine; capite acuto $2\frac{4}{5}$ ad $2\frac{5}{6}$ in longitudine corporis absque-, $3\frac{1}{2}$ ad $3\frac{3}{5}$ in longitudine corporis cum pinna caudali; altitudine capitis $1\frac{1}{5}$ circ.-, latitudine capitis $2\frac{1}{4}$ ad $2\frac{1}{3}$ in ejus longitudine; vertice, fronte et regione supraoculari posteriore alepidotis; occipite postice plus minusve squamato; linea rostro-frontali concaviuscula; oculis diametro 3 et paulo ad $3\frac{1}{3}$ in longitudine capitis, diametro $\frac{1}{2}$ ad $\frac{3}{5}$ distantibus; rostro acuto non convexo, apice ante oculi marginem inferiorem sito, oculo paulo ad non breviore; naribus distantibus anterioribus brevi-valvatis posterioribus oblongis minoribus; osse suborbitali sub oculo oculi diametro longitudinali plus duplo ad duplo humiliore, ubique alepidoto; maxillis subaequalibus superiore sub pupilla desinente $2\frac{1}{3}$ circ. in longitudine capitis; maxillis dentibus serie externa utroque latere antice caninis vel caninoideis quorum canino intermaxillari sat magno, ceteris inaequalibus inframaxillaribus mediis ceteris conspicue majoribus; dentibus vomerinis in thurmam ◇ formem-, palatinis utroque latere in vittam gracillimam-, lingualibus media lingua in thurmulam rotundiusculam dispositis; praeoperculo squamis in series 6 transversas dispositis, limbo alepidoto, margine libero postice anguloque denticulato dentibus angularibus ceteris majoribus, supra angulum incisura superficiali et valde aperta; squamis interoperculo bi- ad triseriatis; fascia squamarum temporali bene distincta, non cum fascia lateris oppositi unita, squamis inaequalibus transversim 11- vel 12-seriatis, longitudinaliter 2- ad 4-seriatis; squamis corpore angulum aperturae branchialis superiorem inter et basin pinnae caudalis supra lineam lateralem in series 65 circ. transversas, infra lineam lateralem in series 52 ad 54 transversas dispositis; squamis 22 vel 23 in serie transversali anum inter et pinnam dorsalem, 6 vel 7 lineam lateralem inter et dorsalem spinosam mediam, 13 circ. in serie longitudinali occiput inter et pinnam dorsalem; seriebus squamarum longitudinalibus supra lineam lateralem obliquis, infra lineam lateralem horizontalibus; cauda parte libera aeque longa circ. ac postice alta; pinna dorsali parte spinosa basi spinarum non vel leviter squamata, parte radiosa basi late squamata; dorsali spinosa spinis sat gracilibus mediis ceteris longioribus $2\frac{1}{4}$ ad $2\frac{1}{3}$ in altitudine corporis, spinis 2 posticis subaequalibus radio 1° brevioribus; dorsali radiosa dorsali spinosa vix humiliore, duplo fere ad duplo longiore quam alta, obtusa, rotundata; pectoralibus analem fere attingentibus capite absque rostro longioribus; ventralibus acutis analem non attingentibus capite absque rostro brevioribus; anali spinis 2ª et 3ª subaequalibus, parte radiosa dorsali radiosa altiore, non multo altiore quam longa, quadratiuscula, antice quam medio et postice altiore, margine inferiore rectiuscula; caudali extensa truncata vel vix emarginata angulis acuta capite absque rostro longiore; colore corpore superne roseo, inferne roseo-margaritaceo; iride flava roseo tincta; dorso singulis seriebus squamarum longitudinalibus vittula aurantiaca vel fuscescente-aurantiaca oblique postrorsum adscendente; vittis utroque latere sub linea laterali flavis 5 vel 6 horizontalibus; pinnis flavis, ventralibus et anali albo marginatis.

B. 7. D. 10/13 vel 10/14. P. 2/14. V. 1/5. A. 3/8 vel 3/9. C. 1/15/1 et lat. brev.

Syn. *Rangoo* Russ., Fish. Corom. I p. 74 fig. 94.
Mesoprion rangus CV., Poiss. II p. 365; Cant., Cat. Mal. Fish. p. 14; Günth., Catal. Fish. I p. 199 (nec Day).

Hab. Pinang; Singapura; Java; Bali (Boleling); Sumbawa; in mari.

Longitudo 2 speciminum 180‴ et 205‴.

Rem. Le rangus et le fulviflamma se séparent du semicinctus et du bohar par un nombre moindre des écailles sur une rangée transversale et des rangées d'écailles préoperculaires et par leur corps rose à raies longitudinales dorées. Très-voisins l'un de l'autre ils sont cependant suffisamment distinctes. On reconnait le rangus à sa tête plus pointue et à profil concave, aux 22 ou 23 écailles sur une rangée transversale dont 6 ou 7 au-dessus de la ligne latérale, au bord inférieur droit de l'anale et à l'absence de tache latérale noire. Il n'est connu jus'qu'ici, hors l'Inde archipélagique, que de la Péninsule Malaie, de Coromandel et de Ceylon.

Le Mesoprion rangus Day me paraît devoir être rapporté au Lutjanus argentimaculatus.

Lutjanus fulviflamma Blkr, Trois. mém. ichth. Halmah., Ned. Tijdschr. Dierk. I p. 155.

Lutj. corpore oblongo compresso altitudine $2\frac{3}{4}$ ad 3 in ejus longitudine absque- $3\frac{1}{2}$ ad $3\frac{4}{5}$ in ejus longitudine cum pinna caudali; latitudine corporis $1\frac{2}{3}$ ad 2 in ejus altitudine; capite acutiusculo $2\frac{3}{4}$ ad 3 in longitudine corporis absque-, $3\frac{1}{2}$ ad 4 in longitudine corporis cum pinna caudali; altitudine capitis ad 1 ad $1\frac{1}{5}$-, latitudine capitis $1\frac{2}{3}$ ad 2 in ejus longitudine; linea rostro-frontali rectiuscula vel convexiuscula; vertice fronteque alepidotis; occipite juvenilibus lateribus tantum aetate provectis etiam medio postice squamato; regione supraoculari posteriore omni aetate alepidota; oculis diametro 3 ad $3\frac{1}{2}$ in longitudine capitis, diametro $\frac{1}{2}$ ad $\frac{4}{5}$ distantibus; rostro acutiusculo non vel leviter convexo, apice ante vel vix infra oculi marginem inferiorem sito, oculo paulo ad non breviore; naribus distantibus anterioribus valvatis posterioribus oblongis minoribus; osse suborbitali sub oculo oculi diametro longitudinali duplo ad minus duplo humiliore, ubique alepidoto; maxillis subaequalibus superiore sub pupilla desinente 2 et paulo ad $2\frac{2}{3}$ in longitudine capitis; maxillis dentibus serie externa utroque latere antice caninis vel caninoideis quorum canino intermaxillari mediocri, ceteris inaequalibus, inframaxillaribus mediis ceteris multo majoribus; dentibus vomerinis in thurmam △ vel ◇ formem-, palatinis utroque latere in vittam gracilem-, lingualibus aetate provectioribus (spec. long. 80''' ad 120''' nullis) media lingua in thurmam oblongam dispositis; praeoperculo squamis in series 6 transversas dispositis, limbo alepidoto, margine postice et inferne denticulato dentibus angularibus ceteris majoribus, supra angulum incisura juvenilibus nulla aetate provectioribus valde superficiali et valde aperta; interoperculo squamis uni- ad biseriatis; fascia squamarum temporali bene distincta, non cum fascia lateris oppositi unita, squamis inaequalibus transversim 12- ad 16-seriatis, longitudinaliter 2- ad 5-seriatis; squamis corpore angulum aperturae branchialis superiorem inter et basin pinnae caudalis supra lineam lateralem in series 57 ad 60 transversas, infra lineam lateralem in series 48 ad 50 transversas dispositis; squamis 20 vel 21 in serie transversali anum inter et pinnam dorsalem, 5 vel 6 lineam lateralem inter et dorsalem spinosam mediam, 12 vel 13 in serie longitudinali occiput inter et pinnam dorsalem; seriebus squamarum longitudinalibus supra lineam lateralem obliquis postrorsum valde adscendentibus, infra lineam lateralem horizontalibus; cauda parte libera aeque longa circ. ac postice alta; pinna dorsali parte spinosa alepidota, parte radiosa basi late squamata; dorsali spinosa spinis mediocribus sat gracilibus 3ª 4ª et 5ª ceteris longioribus 2 ad $2\frac{1}{3}$ in altitudine corporis, spina ultima spina penultima paulo et radio 1° conspicue breviore; dorsali radiosa dorsali spinosa juvenilibus non-, aetate provectioribus paulo humiliore, multo ad duplo longiore quam alta, obtusa, convexa; pectoralibus analem subattingentibus capite vix brevioribus; ventralibus acutis anum non vel vix attingentibus capite absque rostro non longioribus; anali spinis validis 2ª et 3ª subaequalibus vel 2ª quam 3ª longiore, parte radiosa dorsali radiosa altiore, conspicue altiore quam longa, obtusa, convexa, aetate provectioribus antice quam medio et postice altiore; caudali extensa truncata vel leviter emarginata angulis acuta, capite absque rostro non multo ad non longiore; colore corpore superne olivaceo, violascente vel roseo, inferne flavescente-vel albido-roseo; iride flava vel rubra; singulis seriebus squamarum longitudinalibus supra lineam lateralem vittula obliqua aurea vel flava; lateribus vittis 6 vel 7 horizontalibus aureis; lateribus sub anteriore parte dorsalis radiosae macula magna oblongo-rotunda nigra vel profunde fusca vulgo annulo flavo cincta media ejus altitudine linea laterali percursa; pinnis roseo-flavis vel aurantiacis, pectoralibus basi superne macula parva carmosina.

B. 7. D. 10/13 vel 10/14. P. 2/14. V. 1/5. A. 3/8 vel 3/9. C 1/17/1 et lat. brev.

Syn. *Sciaena fulviflamma* Forsk., Descr. animal. p. 45; Bonn., Encycl. Ichthyol. p. 120; L. Gm., Syst. nat. ed. 13ª p. 1259.

Perca fulviflamma Bl. Schn., Syst. p. 90.

Centropeomus hober Lac., Poiss. IV p. 255.

Variété du Labre unimaculé Lac., Poiss. IV tab. 17 fig. 1.

Diacope fulviflamma Rüpp., Atl. Reis. N. Afr. Fisch. p. 72 tab. 19 fig 2; N. Wirb. Fisch. p. 94; CV., Poiss. II p. 519; Klunz., Syn. Fisch. R. M. Verh. zool. bot. Ges. Wien XX p. 700.

Mesoprion monostigma Cuv., Regn. anim. ed. 2ª (ed. Brux.) p. 447; CV., Poiss. II p. 337?

Mesoprion dondiava QG., Zool. Voy. Astrol. p. 665 tab. 5 fig. 3.

Mesoprion fulviflamma Blkr, N. bijdr. ichth. Amb., Nat. T. Ned. Ind. III p. 553; Günth, Catal. Fish. I p. 201; Day, Fish. Malabar p. 13; Kner, Zool. Reis. Novar. Fisch. p. 35.

Mesoprion aurolineatus Day, Fish. Malab. p. 14 tab. 3? (an et CV?).

Djenahah Mal. Batav., *Tanda* Bint.; *Nonda, Gorara* Bat.; *Gorara-furo* Ternat.; *Gorara* Amboin.

Hab. Sumatra (Telokbetong, Tandjong, Benculen, Padang, Ticu, Priaman, Siboga); Nias; Singapura; Bintang (Rio); Bangka (Tandjong berikat, Muntok); Biliton (Tjirutjup); Java (Batavia, Bantam, Prigi, Banjuwangi); Bawean; Celebes (Macassar, Bonthain, Badjoa, Manado); Sangir; Timor (Kupang, Atapupu); Halmahera (Sindangole); Ternata; Batjan (Labuha); Buro (Kajeli); Ceram (Wahai); Amboina; Nova-Guinea (Or. septentr.); in mari.

Longitudo 33 speciminum 85‴ ad 286‴.

Rem. L'espèce actuelle est une des plus communes dans l'Inde archipélagique et se fait aisément reconnaître, parmi les espèces voisines, par son profil droit ou plus ou moins convexe, par la forme arrondie de l'anale et par la tache latérale noire et ordinairement oblongue sous la partie antérieure de la dorsale molle. — Elle habite hors, l'Archipel des Indes, la Mer rouge, les côtes d'Aden, de Zanzibar, de Mozambique, des Seychelles, de Malabar et de Chine.

Le Mesoprion aurolineatus Day (Fish. Malabar p. 14 tab. 3) me semble avoir besoin d'être comparé de nouveau à l'espèce actuelle, dont peut-être il n'est pas distinct.

Lutjanus lunulatus Bl.Schn., Syst. p. 329; Lac., Poiss. IV p. 180, 213; Atl. ichth. Tab. 295 Perc. tab. 17 fig. 1.

Lutj. corpore oblongo compresso, altitudine $2\frac{2}{5}$ ad 3 fere in ejus longitudine absque-, $3\frac{2}{5}$ ad $3\frac{3}{5}$ in ejus longitudine cum pinna caudali; latitudine corporis $2\frac{1}{4}$ circ. in ejus altitudine; capite acuto $2\frac{4}{5}$ ad 3 fere in longitudine corporis absque-, $3\frac{2}{5}$ ad $3\frac{3}{4}$ in longitudine corporis cum pinna caudali; altitudine capitis $1\frac{1}{5}$ ad $1\frac{1}{4}$-, latitudine capitis $2\frac{1}{4}$ circ. in ejus longitudine; vertice, fronte et regione supraoculari posteriore alepidotis; linea rostro-frontali rectiuscula vel concaviuscula; oculis diametro $3\frac{1}{5}$ ad $3\frac{1}{4}$ in longitudine capitis; diametro $\frac{1}{2}$ circ. distantibus; rostro acuto, apice ante vel vix infra oculi marginem inferiorem sito, oculo non ad vix longiore; naribus distantibus, anterioribus brevi-valvatis posterioribus oblongis minoribus; osse suborbitali sub oculo oculi diametro longitudinali multo sed multo minus duplo humiliore, ubique alepidoto; maxillis subaequalibus, superiore sub pupilla desinente $2\frac{1}{5}$ circ. in longitudine capitis; maxillis dentibus serie externa utroque latere anticis caninis vel caninoideis quorum canino intermaxillari magno, ceteris inaequalibus, inframaxillaribus mediis ceteris sat multo majoribus; dentibus vomerinis in vittam $\wedge$ formem-, palatinis utroque latere in vittam gracilem dispositis; lingua lateribus anticeque medio denticulis scabra; praeoperculo squamis in series 6 vel 7 transversas dispositis, limbo alepidoto, margine libero postice anguloque denticulato dentibus angularibus ceteris majoribus, supra angulum incisura subnulla vel valde superficiali et valde aperta; squamis interoperculo biseriatis; fascia squamarum temporali valde distincta, non cum fascia lateris oppositi unita, squamis inaequalibus transversim 8- vel 9- seriatis, longitudinaliter 2- ad 4-seriatis; squamis corpore angulum aperturae branchialis superiorem inter et basin pinnae caudalis supra lineam lateralem in series 65 vel 66 transversas, infra lineam lateralem in series 52 ad 54 transversas dispositis; squamis 27 circ. in serie transversali anum inter et pinnam dorsalem, 7 vel 8 lineam lateralem inter et pinnam dorsalem, 14 vel 15 in serie longitudinali occiput inter et pinnam dorsalem; seriebus squamarum longitudinalibus supra lineam lateralem obliquis, infra lineam lateralem horizontalibus; cauda parte libera aeque longa circ. ac postice alta; pinna dorsali parte spinosa basi spinarum aliquot tantum, parte radiosa basi late squamosa; dorsali spinosa spinis validis 3ª, 4ª et 5ª ceteris longioribus $2\frac{2}{3}$ ad 3 in altitudine corporis, spina postica spina penultima et radio 1° breviore; dorsali radiosa dorsali spinosa vix humiliore, duplo fere ad duplo longiore quam alta, obtusa, rotundata; pectoralibus analem fere attingentibus capite paulo brevioribus; ventralibus acutis analem non attingentibus capite absque rostro brevioribus; anali spinis mediocribus 2ª 3ª vix longiore et crassiore, parte radiosa dorsali radiosa altiore, non multo altiore quam longa, quadratiuscula, margine inferiore convexa; caudali extensa truncata medio leviter emarginata, angulis acuta capite paulo breviore; colore corpore superne violascente-roseo, inferne flavo vel margaritaceo; capite superne rostroque rubro-violaceo; iride flavescente-rosea margine pupillari aurea; dorso seriebus singulis squamarum longitudinalibus vittula rubro-violascente oblique postrorsum adscendente; pinnis dorsali et caudali roseis, dorsali radiosa albido diffuse marginata; caudali dimidio basali fascia lata transversa semilunari nigricante-violacea convexitate antrorsum spectante cornubusque angulis pinnae desinente; pinnis ceteris flavis.

B. 7 D. 10/13 vel 10/14. P. 2/15. V. 1/5. A. 3/8 vel 3/9. C. 1/15/1 et lat. brev.

Syn. *Perca lunulata* Mungo Park, Descr. Fish. Sumatra, Trans. Linn. Soc. III p. 35 tab. 6.

Mesoprion lunulatus CV., Poiss. II p. 56; Blkr, Act. Soc. Scient. Ind. Neerl. VIII Achtste bijdr. vischf. Sumatra p. 75.

Diacope bitaeniata CV. Poiss VI p. 405; QG., Voy. Astrol. Poiss. p. 664 tab. 5 fig. 2.

Mesoprion bitaeniatus Günth., Cat. Fish. I. p. 191.

Hab. Sumatra (Benculen Priaman); Celebes; in mari.

Longitudo 2 speciminum 174‴ et 181‴.

Rem. Je connais maintenant dix espèces archipélagiques aux caractères combinés de rangées d'écailles longitudinales obliques au-dessus et horizontales au-dessous de la ligne latérale, d'un vertex et front dénués d'écailles, et de dents vomériennes ne formant point un groupe mais une bandelette en forme de Λ. On peut en former trois petits groupes d'après ce que le nombre des rangées transversales d'écailles au-dessus de la ligne latérale va de 65 à 70, où n'est que de 60 ou bien reste plus ou moins au-dessous de 60. Les Lutjanus lunulatus, melanotaenia, flavipes et lineatus appartiennent au premier de ces groupes, les marginatus, lioglossus, Russelli et decussatus au second; et le rivulatus et l'argentimaculatus au troisième. — Les espèces du premier groupe ont encore de commun le nombre de 25 à 27 écailles sur une rangée transversale et de 6 ou 7 rangées transversales et obliques d'écailles préoperculaires, mais ils sont aisément à distinguer les unes des autres par le nombre des rangées transversales d'écailles au-dessous de la ligne latérale, par la nature de la langue et par le système de coloration. Le lunulatus s'y fait reconnaître par les 52 à 54 rangées transversales d'écailles au-dessous de la ligne latérale, par les 7 ou 8 rangées longitudinales d'écailles au dessus de cette ligne, par l'âpreté de la langue et par la large bande noire transversale et sémilunaire sur le milieu de la caudale.

Lutjanus melanotaenia Blkr, Deux. not. ichth. Obi, Ned. T. Dierk. I p. 245; Atl. ichth. Tab. 285 Perc. tab. 7 fig. 2.

Lutj. corpore oblongo compresso, altitudine 3 fere in ejus longitudine absque-, 3½ circ. in ejus longitudine cum pinna caudali; latitudine corporis 2 et paulo in ejus altitudine; capite acuto 2⅔ circ. in longitudine corporis absque-, 3 et paulo in longitudine corporis cum pinna caudali; altitudine capitis 1⅓ ad 1⅖ in ejus longitudine; vertice fronteque alepidotis; linea rostro-frontali recta; oculis diametro 3⅗ circ. in longitudine capitis, diametro ½ circ. distantibus; rostro acuto non convexo apice ante oculi marginem inferiorem sito, oculo non vel vix breviore; osse suborbitali sub oculo oculi diametro longitudinali triplo circ. humiliore; maxillis subaequalibus, superiore paulo ante medium oculum desinente 2⅖ circ. in longitudine capitis; maxillis dentibus serie externa utroque latere antice caninis vel caninoideis quorum canino intermaxillari magno, ceteris inaequalibus, inframaxillaribus mediis ceteris longioribus; dentibus vomerinis in vittam Λ-formem-, palatinis utroque latere in vittam gracilem dispositis; lingua edentula; praeoperculo margine libero postice et inferne denticulato dentibus angularibus ceteris majoribus, supra angulum incisura valde superficiali; squamis corpore angulum aperturae branchialis superiorem inter et basin pinnae caudalis supra lineam lateralem in series 65 ? circ. transversas, infra lineam lateralem in series 55 ? circ. transversas dispositis; squamis 25 ? circ. in serie transversali anum inter et pinnam dorsalem, 8 circ. lineam lateralem inter et dorsalem spinosam mediam; seriebus squamarum longitudinalibus supra lineam lateralem obliquis infra lineam lateralem horizontalibus; cauda parte libera aeque longa circ. ac postice alta; pinna dorsali spinosa spinis mediocribus 4ª ceteris longiore $2\frac{3}{5}$ circ. in altitudine corporis, spinis 2 posticis subaequalibus radiio 1° brevioribus; dorsali radiosa dorsali spinosa vix altiore, multo minus duplo longiore quam alta, obtusa, convexa; pectoralibus et ventralibus acutis analem non attingentibus capite absque rostro non longioribus; anali spinis validis 2ª 3ª longiore et crassiore, parte radiosa dorsali radiosa vix altiore, altiore quam longa, obtusa, convexa, radiis mediis ceteris longioribus; caudali extensa truncata angulis acuta capite absque rostro non longiore; colore corpore superne violascente-olivaceo, medio argenteo, inferne margaritaceo; vittis corpore 2 longitudinalibus nigris, superiore latiore rostro-oculo-caudali mediam pinnam caudalem intrante et paulo ante marginem caudalis posteriorem desinente, inferiore graciliore maxillo-thoraco-postanali cauda inferne post basin pinnae analis desinente; pinnis aurantiacis, dorsali caudalique fusco plus minusve arenatis.

B. 7. D. 10/13 vel 10/14. P. 2/15. V. 1/5. A. 3/8 vel 3/9. C. 1/15/1 et lat. brev.

Syn. *Serranus lemniscatus* CV., Poiss. II p. 178; Günth., Cat. Fish. I p. 155 ??

Hab. Obi, in mari.

Longitudo speciminis unici 74'''.

Rem. Je n'ai pu étudier cette espèce que sur un seul individu probablement d'un âge encore fort peu avancé. Les dents linguales ne se développant ordinairement dans les Lutjans qu'après la première adolescence, il se pourrait bien qu'on en trouvât dans des individus plus âgés. L'espèce est du reste éminemment caractérisée par les deux bandelettes noires, dont la supérieure traverse l'oeil et va droit jusque près le milieu du bord postérieur de la caudale tandis que l'inférieure occupe la partie inférieure de la tête, passe sous la base de la pectorale et s'arrête près des derniers rayons de l'anale.

Valenciennes a brièvement indiqué, sous le nom de Serranus lemniscatus, une espèce de Ceylon, qu'il dit être voisine du Serranus vitta QG. (Lutjanus vitta Blkr), marquée de deux bandes longitudinales longeant les flancs et à formule de la dorsale = 10/15. Je ne m'étonnerais pas si l'examen nouveau de cette espèce prouvât qu'elle n'est point distincte du melanotaenia. Le nom de lemniscatus devrait alors lui être conservé.

Lutjanus flavipes Blkr.

Lutj. corpore oblongo compresso, altitudine $2\frac{2}{5}$ ad $2\frac{1}{2}$ in ejus longitudine absque-, 3 et paulo ad $3\frac{1}{4}$ in ejus longitudine cum pinna caudali; latitudine corporis 2 et paulo in ejus altitudine; capite acutiusculo 3 fere in longitudine corporis absque-, $3\frac{2}{3}$ ad $3\frac{3}{4}$ in longitudine corporis cum pinna caudali; altitudine capitis 1 et paulo-, latitudine capitis 2 et paulo in ejus longitudine; linea rostro-frontali rectiuscula; vertice, fronte regioneque supraoculari posteriore alepidotis; occipite postice medio squamulis parcis; oculis diametro $3\frac{2}{5}$ ad $3\frac{1}{2}$ in longitudine capitis, diametro $\frac{2}{3}$ ad $\frac{3}{4}$ distantibus; rostro acutiusculo non convexo apice paulo infra oculi marginem inferiorem sito, oculo non breviore; naribus distantibus anterioribus valvatis posterioribus oblongis minoribus; osss suborbitali sub oculo oculi diametro longitudinali multo minus duplo humiliore, ubique alepidoto; maxillis subaequalibus, superiore sub pupilla vel vix ante pupillam desinente $2\frac{1}{2}$ ad $2\frac{3}{5}$ in longitudine capitis; maxillis dentibus serie externa utroque latere antice caninis vel caninoideis, quorum canino intermaxillari mediocri, ceteris inaequalibus, inframaxillaribus mediis ceteris majoribus; dentibus vomerinis in vittam Λformem-, palatinis utroque latere in vittam gracilem dispositis; lingua edentula; praeoperculo squamis in series 6 vel 7 transversas dispositis, limbo alepidoto, margine libero postice infernque denticulato dentibus angularibus ceteris majoribus, supra angulum incisura sat profunda et sat angusta tuberculum interoperculare conicum recipiente; squamis interoperculo bi- vel uniseriatis; fascia squamarum temporali valde distincta, non cum fascia lateris oppositi unita, squamis inaequalibus transversim 13- ad 15 seriatis, longitudinaliter 2- ad 5-seriatis; squamis corpore angulum aperturae branchialis superiorem inter et basin pinnae caudalis supra lineam lateralem in series 65 ad 68 transversas, infra lineam lateralem in series 50 ad 52 transversas dispositis; squamis 25 vel 26 in serie transversali anum inter et pinnam dorsalem, 8 vel 9 lineam lateralem inter et dorsalem spinosam mediam, 12 vel 13 in serie longitudinali occiput inter et

pinnam dorsalem; seriebus squamarum longitudinalibus supra lineam lateralem obliquis postrorsum valde adscendentibus, infra lineam lateralem horizontalibus; cauda parte libera aeque longa circ. ac postice alta; pinna dorsali parte spinosa basi spinarum tantum, parte radiosa basi late squamata; dorsali spinosa spinis mediocribus sat validis 3ª 4ª 5ª et 6ª ceteris longioribus 2½ circ. in altitudine corporis, spinis 2 posticis subaequalibus radio 1° brevioribus; dorsali radiosa dorsali spinosa non altiore, duplo fere longiore quam alta, obtusa, rotundata; pectoralibus analem attingentibus capite vix brevioribus; ventralibus analem non attingentibus capite absque rostro vix longioribus; anali spinis validis 2ª 3ª fortiore et paulo longiore, parte radiosa dorsali radiosa altiore, multo altiore quam longa, obtusa, rotundata, radiis mediis ceteris longioribus; caudali extensa truncata vel leviter emarginata angulis acuta capite absque rostro longiore; colore corpore superne violascente vel roseo, lateribus dilutiore, inferne flavescente; iride flava vel rosea; singulis seriebus squamarum longitudinalibus supra lineam lateralem vittula aurantiaco-fusca vel profunde violacea obliqua; lateribus vittis 4 longitudinalibus horizontalibus subaequidistantibus aureis; pinna dorsali dimidio inferiore rosea vel aurantiaca, dimidio superiore nigricante-violacea; caudali nigricante-violacea vel fusco-violacea postice flavo vel albido marginata; pinnis ceteris roseis vel flavis vel aurantiacis.
B. 7. D. 10/14 vel 10/15. P. 2/14. V. 1/5. A. 3/8 vel 3/9. C. 1/15/1 et lat. brev.
Syn. *Diacope flavipes, analis et aurantiaca* CV., Poiss. VI p. 401, 402, 403?
Hab. Amboina; in mari.
Longitudo 2 speciminum 183''' et 190'''.

Rem. L'espèce actuelle est fort voisine, par les formes et par les couleurs, du Lutjanus lineatus, mais se distingue essentiellement par la formule des écailles dont les rangées transversales au-dessous de la ligne latérale sont moins nombreuses. Elle est reconnaissable aussi à la profonde échancrure du préopercule, à ce que la langue est dénuée de dents, et à ce que, dans le lineatus, les dents linguales et la tubérosité interoperculaire sont déjà fort bien développées dans les individus beaucoup plus petits que les deux que je possède du flavipes. — Je suppose que les Diacope flavipes (de Vanicolo), analis (de l'île Maurice) et aurantiaca CV. (de Vanicolo) ne soient point distincts de l'espèce actuelle, mais les descriptions de ces espèces étant trop succinctes et trop peu essentielles une comparaison des individus types serait indispensable pour bien juger de leurs véritables rapports.

Le Serranus limbatus CV. (Poiss. II p. 228) de Guam, brièvement décrit sur un individu de deux pouces de long, pourrait bien être un Lutjanus et voisin des flavipes, lineatus et marginatus.

Lutjanus lineatus Blkr, Énum. espèc. poiss. Céram, Ned. T. Dierk. II p. 187; Atl. ichth. Tab. 304 Perc. tab. 26 fig. 4.

Lutj. corpore oblongo compresso, altitudine 2¼ ad 2⅘ in ejus longitudine absque-, 3 et paulo ad 3½ in ejus longitudine cum pinna caudali; latitudine corporis 2 et paulo ad 2¼ in ejus altitudine; capite acuto 2¾ ad 3 in longitudine corporis absque-, 2⅓ ad 2⅝ in longitudine corporis cum pinna caudali; altitudine capitis 1 et paulo-, latitudine capitis 2 ad 2¼ in ejus longitudine; linea rostro-frontali rectiuscula vel concaviuscula; vertice, fronte et regione supra-oculari posteriore alepidotis; oculis diametro 3 et paulo ad 4½ in longitudine capitis, diametro ⅗ ad 1 fere distantibus; rostro acuto non convexo, apice ante ad conspicue infra oculi marginem inferiorem sito, oculo paulo breviore ad multo longiore; naribus distantibus posterioribus valvatis anterioribus oblongis minoribus; osse suborbitali sub oculo oculi diametro longitudinali duplo humiliore ad conspicue altiore, ubique alepidoto; maxillis subaequalibus, superiore sub pupilla ad vix ante pupillam desinente 2 et paulo ad 2⅓ in longitudine capitis; maxillis dentibus serie externa utroque latere antice caninis vel caninoideis quorum canino intermaxillari mediocri vel magno, ceteris inaequalibus, inframaxillaribus mediis ceteris longioribus; dentibus vomerinis in vittam Λformem-, palatinis utroque latere in vittam gracilem dispositis; lingua junioribus (specim. long. 80‴ ad 135‴) edentula, aetate provectioribus (spec. long. 160‴ ad 355‴) medio thurma denticulorum oblonga scabra; praeoperculo squamis in series 7 transversas dispositis, limbo alepidoto, margine libero postice inferneque denticulato dentibus angularibus ceteris majoribus, supra angulum incisura juvenilibus nulla vel subnulla aetate provectioribus valde superficiali et valde aperta; squamis interopercularibus bi- ad uniseriatis; fascia squamarum temporali bene distincta, non cum fascia lateris oppositi unita, squamis inaequalibus transversim 11- ad 15 seriatis, longitudinaliter 2- ad 5 seriatis; squamis corpore angulum aperturae branchialis superiorem inter et basin pinnae caudalis supra lineam lateralem in series 70 circ. transversas, infra lineam lateralem in series 60 circ. transversas dispositis; squamis 25 vel 26 in serie transversali anum inter et pinnam dorsalem, 8 vel 9 lineam lateralem inter et dorsalem spinosam mediam, 13 vel 14 in serie longitudinali occiput inter et pinnam dorsalem; seriebus squamarum longitudinalibus supra lineam lateralem obliquis postrorsum adscendentibus, infra lineam lateralem horizontalibus; cauda parte libera aeque longa circ. ac postice alta; pinna dorsali parte spinosa basi spinarum tantum, parte radiosa basi late squamata; dorsali spinosa spinis mediocribus validis mediis ceteris longioribus 2¼ ad 2⅔ in altitudine corporis, spina postica spina penultima et radio 1° breviore; dorsali radiosa dorsali spinosa paulo altiore ad paulo humiliore, sat multo ad multo sed minus duplo longiore quam alta, obtusa, rotundata; pectoralibus analem attingentibus vel subattingentibus capite paulo ad non brevioribus; ventralibus acutis analem non attingentibus capite absque rostro non ad paulo longioribus; anali spinis validis junioribus 2ª 3ª longiore aetate provectis 2ª et 3ª subaequalibus, parte radiosa dorsali radiosa altiore, conspicue altiore quam longa, margine inferiore convexa, radiis anterioribus ceteris longioribus; caudali extensa truncata vel leviter emarginata angulis acuta capite absque rostro longiore; colore corpore superne olivascente-roseo vel violascente-roseo, inferne roseo vel flavescente-margaritaceo; iride flavescente; vitta oculo-caudali sat lata fuscescente vel violascente juvenilibus adolescentibusque valde conspicua, aetate magis provectis non vel vix conspicua; genis, operculis lateribusque sub linea laterali striis pluribus horizontalibus rufis; squamis dorso lateribusque singulis macula parva fuscescente vel aureo-fusca strias transversas efficientibus; pinnis dorsali et caudali violascentibus, dorsali superne et caudali postice nigricante vel fusco-violaceis; pinnis ceteris roseis vel flavis.

B. 7. D. 10/13 vel 10/14. P. 2/14. V. 1/5. A. 3/8 vel 3/9. C. 1/15/1 et lat. brev.

Syn. *Diacope lineata* QG.; Zool. Voy. Freycin. p. 309.

Diacope striata CV., Poiss. II p. 324.

Mesoprion striatus Blkr, Verh. Bat. Gen. XXII Perc. p. 44.

Mesoprion janthinuropterus Blkr, Derde bijdr. ichth. Celebes. Nat. T. Ned. Ind. III p. 751.

Mesoprion lineatus Günth., Catal. Fish. I p. 195.

Tanda tanda Mal.; *Nona sosal, Gorara furu* Batjan.; *Guraja, Gorarasiang* Manad.; *Gorara* Amb.

Hab. Sumatra (Benculen, Trussan, Padang, Ticu); Singapura; Java (Batavia, Karangbollong, Prigi); Celebes (Macassar, Bulucomba, Badjoa, Manado); Timor (Kupang); Batjan (Labuha); Buro (Kajeli); Ceram (Wahai); Amboina; Obi-major; Waigiu; in mari.

Longitudo 16 speciminum 80''' ad 355'''.

Rem. Le Lutjanus lineatus a de commun, avec les Lutjanus marginatus et flavipes, une large bordure noirâtre à la dorsale et une caudale d'un violâtre plus ou moins profond. Ces trois espèces sont aussi fort voisines par la physionomie générale mais le lineatus se distingue encore nettement par les 60 rangées transversales d'écailles au-dessous de la ligne latérale, par l'échancrure presque nulle du préopercule et par les dents linguales. Les individus peu agés du lineatus se font reconnaître par une bandelette brunâtre assez large entre l'oeil et la base de la caudale.

Lutjanus marginatus Blkr, Troisième mém. ichth. Halmah., Ned. T. Dierk. I p. 155.

Lutj. corpore oblongo compresso, altitudine $2\frac{2}{5}$ ad $2\frac{3}{5}$ in ejus longitudine absque-, 3 ad $3\frac{2}{5}$ in ejus longitudine cum pinna candali; latitudine corporis 2 ad $2\frac{1}{4}$ in ejus altitudine; capite acutiusculo $2\frac{2}{3}$ ad 3 in longitudine corporis absque-, $3\frac{1}{3}$ ad 4 in longitudine corporis cum pinna caudali; altitudine capitis 1 et paulo, latitudine capitis 2 ad 2 et paulo in ejus longitudine; linea rostro-frontali rectiuscula vel convexiuscula; vertice et fronte alepidotis; regione supra-oculari posteriore alepidota vel leviter squamata; occipite postice medio interdum squamulato; oculis diametro 3 fere ad $3\frac{1}{2}$ in longitudiue capitis, diametro $\frac{1}{2}$ ad $\frac{2}{3}$ distantibus; rostro acutiusculo non convexo, apice ante vel conspicue infra oculi marginem inferiorem sito, oculo multo ad non breviore; naribus sat distantibus anterioribus valvatis posterioribus oblongis minoribus; osse suborbitali sub oculo oculi diametro longitudinali plus triplo ad minus duplo humiliore, ubique alepidoto; maxillis subaequalibus, superiore sub pupilla desinente $2\frac{1}{4}$ ad $2\frac{3}{5}$ in longitudine capitis; maxillis dentibus serie externa utroque latere antice caninis vel caninoideis quorum canino intermaxillari mediocri, ceteris inaequalibus, inframaxillaribus mediis ceteris longioribus; dentibus vomerinis in vittam Λ-formem-, palatinis utroque latere in vittam gracilem dispositis; lingua edentula; praeoperculo squamis in series 6 vel 7 transversas dispositis, limbo alepidoto, margine libero postice et inferne denticulato dentibus angularibus ceteris longioribus valde juvenilibus (specim. long. 45''' ad 50''') ex parte spinaeformibus spina unica majore, supra angulum incisura valde juvenilibus nulla adolescentibus et aetate provectis mediocri vel valde superficiali et parum ad valde aperta; squamis interopercularibus bi- vel uniseriatis; fascia squamarum temporali bene distincta, non cum fascia lateris oppositi unita, squamis inaequalibus transversim 10- ad 13 seriatis, longitudinaliter 2- ad 5-seriatis; squamis corpore angulum aperturae branchialis superiorem inter et basin pinnae caudalis supra lineam lateralem in series 60 circ. transversas, infra lineam lateralem in series 48 circ. transversas dispositis; squamis 22 vel 23 in serie transversali anum inter et pinnam dorsalem, 6 vel 7 lineam lateralem inter et dorsalem spinosam mediam, 11 circ. in serie longitudinali occiput inter et pinnam dorsalem; seriebus squamarum longitudinalibus supra lineam lateralem obliquis postrorsum valde adscendentibus, infra lineam lateralem horizontalibus; cauda parte libera aeque longa circ. ac postice alta; pinna dorsali parte spinosa basi spinarum tantum, parte radiosa basi late squamata; dorsali spinosa spinis mediocribus mediis ceteris longioribus 2¼ ad 2½ in altitudine corporis, spina postica spina penultima et radio 1° breviore; dorsali radiosa dorsali spinosa non ad vix altiore, multo ad duplo fere longiore quam alta, obtusa, rotundata; pectoralibus analem attingentibus vel subattingentibus, capite non ad paulo brevioribus; ventralibus acutis analem non attingentibus capite absque rostro non ad vix brevioribus; anali spinis validis 2ª 3ª longiore et fortiore, parte radiosa dorsali radiosa altiore, multo altiore quam longa, radiis 3° et 4° ceteris longioribus, margine inferiore obtuse rotundata; caudali extensa truncata vel leviter emarginata angulis acuta capite absque rostro non ad paulo longiore; colore corpore superne roseo vel violascente-roseo, inferne dilutiore; iride flavescente; corpore singulis seriebus squamarum longitudinalibus vulgo vittula flava vel aurea, vittulis supra lineam lateralem obliquis postrorsum adscendentibus infra lineam lateralem horizontalibus; pinnis roseis, dorsali, pectoralibus caudalique roseis vel violascentibus, ceteris flavis vel aurantiacis; dorsali spinosa late fusco vel nigricante marginata; dorsali radiosa superne, anali radiosa inferne et caudali postice marginem versus profunde violaceis vel fuscis margine ipso flavescentibus.

B. 7. D. 10/13 vel 10/14 vel 10/15. P. 2/14. V. 1/5. A. 3/8 vel 3/9. C. 1/15/1 et lat. brev.

Syn. *Diacope waigiensis* QG., Zool. Voy. Freycin. p. 307? (nec Mesoprion waigiensis Günth.).

Diacope marginata CV., Poiss. II p. 320.

Diacope immaculata CV., Poiss. II p. 323?

Diacope xanthopus CV., Poiss. III p. 365.

Diacope axillaris CV., Poiss. VI p. 400?
Mesoprion marginatus Blkr, N. bijdr. ichth. Amboin., Nat. T. Ned. Ind. V p. 555.
Mesoprion Gaimardi Blkr, Act. Soc. Sc. Ind. Neerl. VI, Enum. Pisc. p. 23.
Genyoroge marginata Günth., Catal. Fish. I p. 181.
Tambak Mal. Bantam; *Gadja-kuning* Batj., Tern.

Hab. Sumatra (Benculen, Trussan, Padang, Priaman); Cocos (Nova-selma); Java (Bantam, Tjiringin, Batavia); Bali (Boleling); Celebes (Badjoa, Manado, Gorontalo); Sangir; Timor (Kupang); Halmahera (Sindangole); Ternata; Batjan (Labuha); Obi-major; Buro (Kajili); Ceram (Wahai); Amboina; Banda (Neira); Waigiu; Nova-Guinea (or. septentr.); in mari.

Longitudo 43 speciminum 50''' ad 240'''.

Rem. Le marginatus est le plus voisin, par l'écaillure, par le système de coloration et par l'absence de dents linguales du Lutjanus flavipes, mais il se distingue par un nombre moindre de rangées d'écailles dans toutes les directions et par l'échancrure et la tuberosité interoperculaire beaucoup moins développées. — Fort commun dans l'Inde archipélagique, il habite aussi les mers de Mozambique, de Zanzibar, de Ceylon, de Coromandel et des îles Oualan et Vanicolo.

Lutjanus lioglossus Blkr.

Lutj. corpore oblongo compresso, altitudine 3 fere ad 3 in ejus longitudine absque-, $3\frac{3}{4}$ ad 4 fere in ejus longitudine cum pinna caudali; latitudine corporis 2 ad $2\frac{1}{3}$ in ejus altitudine; capite acuto $2\frac{3}{4}$ ad 3 fere in longitudine corporis absque-, $3\frac{1}{2}$ ad $3\frac{3}{4}$ in longitudine corporis cum pinna caudali; altitudine capitis 1 et paulo-, latitudine capitis $2\frac{1}{5}$ ad $2\frac{1}{3}$ in ejus longitudine; linea rostro-frontali concaviuscula; vertice, fronte et regione supra-oculari posteriore alepidotis; oculis diametro $3\frac{1}{2}$ ad 4 in longitudine capitis, diametro $\frac{3}{5}$ ad $\frac{3}{4}$ distantibus; rostro acuto non convexo apice ante vel vix infra oculi marginem inferiorem sito, oculo paulo longiore; naribus distantibus anterioribus valvatis posterioribus rotundis vulgo paulo minoribns; osse suborbitali sub oculo oculi diametro longitudinali multo (sed multo minus duplo) ad vix humiliore, ubique alepidoto; maxillis subaequalibus, superiore sub pupilla desinente $2\frac{1}{4}$ ad $2\frac{1}{3}$ in longitudine capitis; maxillis dentibus serie externa utroque latere antice caninis vel caninoideis quorum canino intermaxillari magno, cœteris inacqualibus inframaxillaribus mediis ceteris multo longioribus; dentibus vomerinis in vittam Λformem-, palatinis utroque latere in vittam gracilem dispositis; lingua edentula; praeoperculo squamis in series 6 vel 7 transversas dispositis, limbo alepidoto, margine libero postice anguloque denticulato dentibus angularibus ceteris majoribus, supra angulum incisura subnulla valde superficiali et valde aperta; squamis interoperculo uniseriatis; fascia squamarum temporali bene distincta non cum fascia lateris oppositi unita, squamis inaequalibus transversim 8- ad 10-seriatis, longitudinaliter 1- ad 3-seriatis; squamis corpore angulum aperturae branchialis superiorem inter et basin pinnae caudalis supra lineam lateralem in series 60 circ. transversas, infra lineam lateralem in series 50 circ. transversas dispositis; squamis 20 vel 21 in serie transversali anum inter et pinnam dorsalem, 6 lineam lateralem inter et dorsalem spinosam mediam, 12 vel 13 in serie longitudinali occiput inter et pinnam dorsalem; seriebus squamarum longitudinalibus supra lineam lateralem obliquis postrorsum valde adscendentibus, infra lineam lateralem horizontalibus; cauda parte libera aeque longa circ. ac postice alta; pinna dorsali parte spinosa basi spinarum tantum, parte radiosa basi late squamata; dorsali spinosa spinis gracilibus 3ª 4ª et 5ª ceteris longioribus $2\frac{1}{3}$ ad $2\frac{1}{4}$ in altitudine corporis, spinis 2 posticis subaequalibus radio 1° conspicue brevioribus; dorsali radiosa dorsali spinosa paulo humiliore ad vix altiore, multo ad duplo fere longiore quam alta, obtusa, convexa; pectoralibus analem non attingentibus capite paulo brevioribus; ventralibus acutis analem non attingentibus capite absque rostro paulo brevioribus; anali spinis validis 3ª 2ª longiore, parte radiosa dorsali radiosa altiore et altiore quam longa, antice quam medio et postice altiore, margine inferiore rectiuscula; caudali extensa truncata vel vix emarginata, angulis acuta capite absque rostro paulo longiore; colore corpore superne roseo-olivascente, inferne flavescente vel margaritaceo; iride flavescente; rostro fronteque violascentibus; macula rotunda vel oblongo-rotunda nigra vel fusca sub initio pinnae dorsalis radiosae, medio linea laterali percursa; pinnis, dorsali violascente, caudali roseo-violascente, ceteris flavis.

B. 7. D. 10/13 vel 10/14 vel 10/15. P. 2/14. V. 1/5. A. 3/8 vel 3/9. C. 1/15/1 et lat. brev.

Syn. *Mesoprion monostigma* CV.? Blkr, Verh. Batav. Gen. XXII. Perc. p. 42 (nec. syn.).

Lutjanus monostigma Blkr, Troisième notic. ichth. Halmaheira, Ned. T. Dierk. I p. 155.

Diacope monostigma Klunz., Syn. Fisch. Roth. M., Verh. zool. bot. Ges. Wien. XX. p. 702.

Djenahah Mal.

Hab. Bintang (Rio) ; Java (Batavia) ; Celebes (Macassar) ; Halmahera (Sindangole) ; Amboina ; in mari.

Longitudo 5 speciminum 215‴ ad 320‴.

Rem. Cette espèce a de nombreuses affinités avec le Lutjanus Russelli, dont elle se distingue cependant essentiellement par une rangée d'écailles de moins au-dessus de la ligne latérale et par l'absence de dents linguales, dont aucun de mes individus ne montre de vestiges, tandis que ces dents sont déjà bien développées dans les individus du Russelli beaucoup moins âgés. Elle se fait reconnaître aussi par un corps moins trapu et par l'absence de bandelettes dorées, qui ne manquent jamais dans le Russelli, quoiqu'elles se perdent assez vite dans la liqueur. Plusieurs localités qu'autrefois j'ai citées comme habitées par le lioglossus ont rapport au Russelli. La lioglossus est en effet beaucoup plus rare que le Russelli, mais passant en revue les nombreux individus qui se trouvaient dans un même bocal sous le nom de l'espèce actuelle, plusieurs se trouvaient être des Russelli. Hors l'Insulinde l'espèce n'est positivement connue que de la Mer rouge, où elle fut trouvée par M. Klunzinger.

Lutjanus Russelli Blkr, Atl. ichth. Tab. 300 Perc. tab. 22 fig. 2.

Lutj. corpore oblongo compresso, altitudine $2\frac{3}{5}$ ad $2\frac{4}{5}$ in ejus longitudine absque-, $3\frac{2}{5}$ ad $3\frac{3}{5}$ in ejus longitudine cum pinna caudali; latitudine corporis $1\frac{4}{5}$ ad $2\frac{1}{3}$ in ejus altitudine; capite acuto $2\frac{3}{5}$ ad 3 in longitudine corporis absque-, $3\frac{2}{5}$ ad 4 fere in longitudine corporis cum pinna caudali; altitudine capitis $1\frac{1}{5}$ circ.-, latitudine capitis 2 ad $2\frac{2}{5}$ in ejus longitudine; linea rostro-frontali rectiuscula vel concaviuscula; vertice, fronte regioneque supraoculari posteriore alepidotis; oculis diametro $3\frac{2}{5}$ ad 4 in longitudine capitis, diametro $\frac{3}{5}$ ad 1 fere distantibus; rostro acuto non convexo, apice ante vel vix infra oculi marginem inferiorem sito, oculo breviore ad paulo longiore; naribus distantibus, anterioribus brevivalvatis posterioribus oblongis vulgo minoribus; osse suborbitali sub oculo oculi diametro longitudinali duplo ad multo minus duplo humiliore, ubique alepidoto; maxillis subaequalibus superiore sub pupilla desinente 2¼ ad 2½ in longitudine capitis; maxillis dentibus serie externa utroque latere antice caninis vel caninoideis quorum canino intermaxillari magno, ceteris inaequalibus inframaxillaribus mediis ceteris multo longioribus; dentibus vomerinis in vittam Λ formem vel ⍙ formem, palatinis utroque latere in vittam gracilem, lingualibus aetate provectioribus media lingua in thurmam oblongam dispositis (lingua specim. longit. minus quam 100''' edentula); praeoperculo squamis in series 7 vel 8 transversas dispositis, limbo alepidoto, margine libero postice et inferne denticulato dentibus angularibus ceteris majoribus, supra angulum incisura juvenilibus nulla vel subnulla aetate provectioribus valde superficiali et valde aperta; squamis interoperculo univel biseriatis; fascia squamarum temporali bene distincta, non cum fascia lateris oppositi unita, squamis inaequalibus transversim 8- ad 10-seriatis, longitudinaliter 2- ad 5-seriatis; squamis corpore angulum aperturae branchialis superiorem inter et basin pinnae caudalis supra lineam lateralem in series 60 circ. transversas, infra lineam lateralem in series 50 circ. transversas dispositis; squamis 22 vel 23 in serie transversali anum inter et pinnam dorsalem, 7 vel 8 lineam lateralem inter et dorsalem spinosam mediam, 13 vel 14 in serie longitudinali occiput inter et pinnam dorsalem; lateribus seriebus squamarum longitudinalibus supra lineam lateralem obliquis postrorsum valde adscendentibus, infra lineam lateralem horizontalibus; cauda parte libera vix breviore quam postice alta; pinna dorsali parte spinosa basi spinarum tantum, parte radiosa basi late squamata; dorsali spinosa spinis gracilibus 3ª 4ª et 5ª vel 4ª 5ª et 6ª ceteris longioribus 2¼ ad 3 in altitudine corporis, spinis 2 posticis subaequalibus radio 1° brevioribus; dorsali radiosa dorsali spinosa non altiore, multo ad duplo longiore quam alta, obtusa, convexa; pectoralibus analem non attingentibus capite absque rostro non ad paulo longioribus; ventralibus acutis analem non attingentibus capite absque rostro brevioribus; anali spinis validis juvenilibus 2ª quam 3ª aetate provectioribus 3ª quam 2ª longiore, parte radiosa dorsali radiosa altiore, conspicue altiore quam longa, antice quam medio et postice altiore, margine inferiore convexa vel rectiuscula; caudali extensa truncata vel leviter emarginata capite absque rostro non ad paulo longiore; colore corpore superne violascente-olivaceo vel roseo, inferne dilutiore; iride flavescente; vittis corpore utroque latere 6 vel 7 aureis (conservatione liquore prolongata vulgo plane evanescentibus) longitudinalibus, superioribus 4 orbita incipientibus, 1ª basi media dorsalis spinosae, 2ª 3ª et 4ª basi dorsalis radiosae desinentibus, 5ª suboculo-caudali, 6ª et 7ª maxillo-caudalibus; macula magna nigra vel fusca rotunda vel oblongo-rotunda sub anteriore parte dorsalis radiosae in vitta aurea 4ª et vulgo dimidio inferiore a linea laterali percursa; pinnis flavescentibus vel roseis, caudali basi frequenter violascente.

B. 7. D. 10/13 vel 10/14 vel 10/15. P. 2/13 vel 2/14. V. 1/5. A. 3/8 vel 3/9. C. 1/15/1 et lat. brev.

Syn. *Antika doondiawah* Russ., Fish. Corom. I p. 76 fig. 98.

Mesoprion Russelli Blkr, Verh. Bat. Gen. XXII Perc. p. 41; Day, On New Fish. of India, Proc. Zool. Soc. 1867 p. 701.

Genyoroge notata Cant., Catal. Malay. Fish. p. 12; Günth., Cat. Fish. I p. 181; Fish. Zanzib. p. 15; Day, Fish. Cochin. Proc. Zool. Soc. 1865 p. 8; Fish. Malab. p. 8 (nec Diacope notata CV., Poiss. II p. 318).

Lutjanus notatus Blkr, Onz. not. ichth. Ternate, Ned. T Dierk. I p. 233.

Djenahah Mal. Batav.; *Gorara* Amb.

Hab. Sumatra (Tandjong, Benculen, Trussan, Padang, Ticu, Priaman); Nias; Pinang; Bintang (Rio); Singapura; Bangka (Karanghadji, Tandjong-berikat, Muntok); Biliton (Tjirutjup); Java (Batavia); Cocos (Nova-selma); Bali (Djembrana); Celebes (Macassar); Sangir; Ternata; Halmahera (Sindangole); Ceram (Piru, Wahai); Amboina; Goram; in mari.

Longitudo 33 speciminum 90‴ ad 351‴.

Rem. Mes individus sont sans aucun doute de l'espèce de l'Antika doondiawah de Russell. L'espèce décrite sous le nom de Diacope notata et à laquelle Cuvier et Valenciennes rapportent la figure 98 de Russell, doit être distincte puisqu'il en est dit qu'elle a onze épines dorsales et l'échancrure et la tubérosité du système operculaire très-marquées. Ce notata est plutôt voisin du quinquelineatus et de l'amboinensis, mais la description ne dit rien par rapport à l'écaillure. — Le Russelli est du reste une espèce nettement caractérisée. Dans le groupe où il appartient, il se distingue par les environ 60 rangées transversales d'écailles au-dessus de la ligne latérale, par les 22 ou 23 écailles sur une rangée transversale, dont 7 ou 8 au-dessus de la ligne latérale et par la présence de dents linguales. A l'état frais on le reconnaît au premier coup-d'oeil aux 6 ou 7 bandelettes longitudinales et obliques dorées dont la quatrième d'en haut croise un grande tache latérale noirâtre située sous la partie antérieure de la dorsale molle, mais ces bandelettes se perdent ordinairement après une conservation prolongée dans la liqueur.

L'espèce est fort commune dans l'Inde archipélagique et habite aussi les mers de Zanzibar, de Coromandel et du Japon.

Parmi les espèces extra-archipélagiques du groupe actuel et à dents linguales, je trouve une même formule des rangées transversales d'écailles dans l'endecacanthus de la Côte de Guinée, mais cette espèce est du reste fort distincte par ses onze épines dorsales, par la dorsale molle qui est presqu'aussi haute que longue, par un ou deux rangées longitudinales d'écailles de moins au-dessus de la ligne latérale, par les couleurs, etc.

Lutjanus decussatus Blkr. Onzième notice ichth. Ternate, Ned. T. Dierk. I p. 233.

Lutj. corpore oblongo compresso, altitudine $2\frac{2}{3}$ ad 3 fere in ejus longitudine absque-, $3\frac{1}{2}$ ad $3\frac{2}{3}$ in ejus longitudine cum pinna caudali; latitudine corporis 2 ad $2\frac{1}{3}$ in ejus altitudine; capite acuto $2\frac{2}{3}$ ad 3 fere in longitudine corporis absque-, $3\frac{1}{3}$ ad $3\frac{2}{3}$ in longitudine corporis cum pinna caudali; altitudine capitis $1\frac{1}{4}$ ad $1\frac{1}{3}$-, latitudine capitis 2 ad 2 et paulo in ejus longitudine; linea rostro-frontali rectiuscula vel concaviuscula; vertice, fronte regioneque supraoculari posteriore alepidotis; oculis diametro 3 ad 4 in longitudine capitis, diametro $\frac{2}{3}$ ad 1 fere distantibus; rostro acuto non convexo, apice ante vel paulo infra oculi marginem inferiorem sito, oculo paulo breviore ad paulo longiore; naribus distantibus anterioribus valvatis posterioribus rotundis vel oblongis paulo ad non minoribus; osse suborbitali sub oculo oculi diametro longitudinali triplo fere ad paulo tantum humiliore, ubique alepidoto; maxillis subaequalibus, superiore sub pupilla vel sub iridis parte anteriore desinente 2 et paulo ad $2\frac{1}{3}$ in longitudine capitis; maxillis dentibus serie externa utroque latere antice caninis vel caninoideis quorum canino intermaxillari magno, ceteris inaequalibus, inframaxillaribus mediis ceteris conspicue longioribus; dentibus vomerinis in vittam Λformem, palatinis utroque latere in vittam gracilem dispositis; lingua juvenilibus et adolescentibus edentula, aetate provectioribus antice denticulis in thurmam parvam et interdum sed rarissime medio linea mediana denticulis insuper in vittam gracilem brevem dispositis; praeoperculo squamis in series 7 vel 8 transversas dispositis, limbo alepidoto, margine libero postice anguloque denticulato dentibus angularibus ceteris majoribus, supra angulum incisura subnulla vel valde superficiali et valde aperta; squamis interoperculo uni- vel biseriatis; fascia squamarum temporali bene conspicua non cum fascia lateris oppositi unita, squamis inaequalibus transversim 8- ad 12-seriatis, longitudinaliter 2- ad 4-seriatis; squamis corpore angulum aperturae branchialis superiorem inter et basin pinnae caudalis supra lineam lateralem in series 60 circ. transversas, infra lineam lateralem in series 52 circ. transversas dispositis; squamis 21 vel 22 in serie transversali anum inter et pinnam dorsalem, 6 vel 7 lineam lateralem inter et dorsalem spinosam mediam, 11 circ. in serie longitudinali occiput inter et pinnam dorsalem; seriebus squamarum longitudinalibus supra lineam lateralem obliquis postrorsum valde adscendentibus, infra lineam lateralem horizontalibus; cauda parte libera aeque longa circ. ac postice alta; pinna dorsali parte spinosa alepidota vel basi spinarum tantum, parte radiosa basi late squamata; dorsali spinosa spinis mediocribus 3ª 4ª 5ª et 6ª ceteris longioribus $2\frac{1}{2}$ ad $2\frac{2}{3}$ in altitudine corporis, spina postica spina penultima et radio 1° breviore; dorsali radiosa dorsali spinosa paulo altiore ad paulo humiliore, sat multo ad duplo longiore quam alta, obtusa, rotundata; pectoralibus analem vix vel non attingentibus capite paulo brevioribus; ventralibus acutis analem non attingentibus capite absque rostro paulo brevioribus; anali spinis validis 2ª 3ª longiore, parte radiosa dorsali radiosa altiore, conspicue altiore quam longa, antice quam medio et postice altiore margine inferiore convexa; caudali extensa truncata vel leviter emarginata, angulis acuta, capite absque rostro paulo breviore ad paulo longiore; colore corpore superne olivaceo vel flavescente-viridi, inferne margaritaceo; iride flava roseo tincta; vittis corpore sat latis longitudinalibus horizontalibus subaequidistantibus 5 fuscis vel lateritiis omnibus vel (aetate provectis) superioribus tantum vittis vel fasciis 6 ejusdem coloris transversis aequidistantibus cruciatis; cauda macula magna nigricante-violacea vel fusca mediam basin pinnae caudalis tegente; pinnis roseis vel rubescentibus, dorsali radiosa superne, ventralibus antice, anale radiosa inferne et caudali postice vulgo albido marginatis.

B. 7. D. 10/13 vel 10/14. P. 2/13 vel 2/14. V. 1/5. A. 3/8 vel 3/9. C. 1/15/1 et lat. brev.

Syn. *Ikan warna warna roepanja* Valent., Amb. fig. 25.
Prique Ren., Poiss. Mol. I tab. 29 fig. 159.
Mesoprion decussatus (K. V. H.) CV., Poiss. II p. 369; Blkr, Verh. Bat. Gen. XXII. Perc. p. 43; Günth., Catal. Fish. I. p. 210; Kner, Zool. Reis. Novara, Fisch. p. 34.
Tembola Mal. Bat.

Hab. Sumatra (Benculen, Trussan, Padang, Ulacan, Priaman, Siboga); Nias; Biliton (Tjirutjup); Java (Batavia, Bantam, Djungkulon, Prigi); Duizend-ins; Bali (Boleling); Celebes (Macassar, Bulucomba, Badjoa, Manado, Tanawanko, Gorontalo); Flores (Larantuca); Timor (Atapupu); Ceram (Wahai); Amboina; Aru; Ins. Philippin.; in mari.

Longitudo 32 speciminum 54''' ad 255'''.

Rem. M. Kner cite cette espèce parmi celles à langue dénuée de dents, mais le fait est que les dents linguales sont constantes dans les individus adultes ou presque adultes et qu'elles ne manquent que dans les jeunes et quelquefois aussi dans les individus d'une adolescence assez avancée. Le decussatus a beaucoup d'affinités avec le Russelli et presque la même formule des écailles. On y compte cependant une rangée longitudinale d'écailles de moins au-dessus de la ligne latérale et le système de coloration est fort différent. On le reconnaît aisément tant aux bandes longitudinales brunâtres du corps dont les supérieures sont croisées par des bandes continues ou interrompues de la même couleur, qu'à la grande tache noirâtre sur la fin de la queue.

Comme habitation extra-archipélagique du decussatus je trouve cité »India" (Günther).

Lutjanus rivulatus Blkr.

Lutj. corpore oblongo compresso, altitudine $2\frac{1}{4}$ ad $2\frac{2}{3}$ in ejus longitudine absque-, $2\frac{2}{3}$ ad 3 et paulo in ejus longitudine cum pinna caudali; latitudine corporis $2\frac{1}{4}$ ad $2\frac{1}{2}$ in ejus altitudine; capite obtusiusculo $2\frac{1}{2}$ ad 3 in longitudine corporis absque-, $3\frac{1}{2}$ ad $3\frac{2}{3}$ in longitudine corporis cum pinna caudali; altitudine capitis 1 circ.-, latitudine capitis 2 fere ad 2 in ejus longitudine; vertice, fronte et regione supraoculari posteriore alepidotis; linea rostro-frontali rectiuscula vel concaviuscula; oculis diametro 3 ad 4 in longitudine capitis, diametro $\frac{1}{2}$ ad 1 fere distantibus; rostro obtusiusculo non convexo, apice ante ad sat multo infra oculi marginem inferiorem sito, oculo sat multo breviore ad paulo longiore; naribus distantibus anterioribus valvatis posterioribus oblongis vel rimaeformibus multo minoribus; osse suborbitali sub oculo oculi diametro longitudinali quadruplo ad vix humiliore, ubique alepidoto; maxillis subaequalibus, superiore sub pupilla desinente $2\frac{1}{4}$ ad $2\frac{2}{3}$ in longitudine capitis; maxillis dentibus serie externa utroque latere anticis caninis vel caninoideis quorum canino intermaxillari mediocri, ceteris inaequalibus, inframaxillaribus mediis ceteris conspicue majoribus; dentibus vomerinis in vittam ∧formem-, palatinis utroque latere in vittam gracillimam dispositis; lingua edentula; praeoperculo squamis in series 6 vel 7 transversas dispositis, limbo alepidoto, margine libero postice anguloque denticulato dentibus augularibus ceteris majoribus (valde juvenilibus, specim. long. 38‴, dente magno spinaeformi), supra angulum incisura valde juvenilibus nulla, adolescentibus aetateque provectis profunda et angusta; squamis interoperculo uni- vel biseriatis; fascia squamarum temporali bene distincta, non cum fascia lateris oppositi unita, squamis inaequalibus transversim 10- ad 14-seriatis, longitudinaliter 2- ad 5-seriatis; squamis corpore angulum aperturae branchialis superiorem inter et basin pinnae caudalis supra lineam lateralem in series 54 ad 56 transversas, infra lineam lateralem in series 50 ad 52 transversas dispositis; squamis 25 circ. in serie transversali anum inter et pinnam dorsalem, 8 lineam lateralem inter et dorsalem spinosam mediam, 10 vel 11 serie longitudinali occiput inter et pinnam dorsalem; seriebus squamarum longitudinalibus supra lineam lateralem obliquis infra lineam lateralem horizontalibus; cauda parte libera aeque longa circ. ac postice alta; pinna dorsali parte spinosa basi spinarum tantum-, parte radiosa basi late squamata; dorsali spinosa spinis validis 3ª 4ª et 5ª ceteris longioribus 2½ ad 3 in altitudine corporis, spinis 2 posticis subaequalibus radio 1° brevioribus; dorsali radiosa dorsali spinosa altiore, non ad non multo longiore quam alta, obtusa, rotundata; pectoralibus analem attingentibus capite non ad vix brevioribus; ventralibus acutis analem non vel vix attingentibus capite absque rostro paulo ad non longioribus; anali spinis validis 2ª 3ª longiore et fortiore, parte radiosa dorsali radiosa altiore, duplo ad plus duplo altiore quam longa, obtusiuscule rotundata vel acutangula radiis mediis ceteris longioribus; caudali extensa truncata vel leviter emarginata angulis acuta capite absque rostro non ad paulo longiore; colore corpore superne violascente, rubro-violaceo vel roseo, inferne margaritaceo-roseo; iride flavescente-viridi margine pupillari aurea; capite vittulis sat numerosis coeruleis rostro, fronte verticeque transversis, genis operculisque longitudinalibus; corpore superne lateribusque singulis squamis guttula margaritacea; fasciis corpore 7 circ. transversis nigricante-violaceis paulo tantum infra lineam lateralem descendentibus (non semper conspicuis) et fascia anteriore (nucho-scapulari) ceteris vulgo profundiore; macula laterali oblongo-rotunda margaritacea vel flavescente sub radiis dorsalibus subanterioribus tota fere supra lineam lateralem sita et macula nigricante vel fusca cincta; pinnis roseis vel violascentibus, dorsali spinosa membrana superne flavo limbata.

B. 7. D. 10/15 vel 10/16. P. 2/15. V. 1/5. A. 3.8 vel 3/9. C. 1/15/1 et lat. brev.

Syn. *Kallee maee* Russ., Fish. Corom. I p. 75 fig. 96.

Diacope rivulata CV., Poiss. II p. 312 tab. 38; Klunz., Syn. Fish. R. M., Verh. zool. bot. Ges. Wien. XX p. 694.

Diacope coeruleopunctata et *alboguttata* CV., Poiss. II p. 320, VII p. 334.

Mesoprion coeruleopunctatus Blkr, N. bijdr. Percoid., Nat. T. Ned. Ind. II p. 169.

Lutjanus coeruleopunctatus Blkr, En. poiss. Amb., Ned. T. Dierk. IIp. 278.

Genyoroge rivulata et *coeruleopunctata* Günth., Catal. Fish. I p. 182; Day, Fish. Malab. p. 7.

Genyoroge alboguttata Day, Fish. Malab. p. 9.

Goga Batjan.

Hab. Sumatra (Benculen, Padang, Ulacan, Ticu, Priaman); Java (Prigi); Bawean; Bali (Boleling); Celebes (Macassar, Bulucomba, Badjoa, Manado); Timor (Kupang); Batjan (Labuha); Buro (Kajeli); Amboina; Waigiu; in mari.

Longitudo 16 speciminum 38''' ad 255'''.

Rem. Dans cette belle espèce le nombre des rangées transversales d'écailles au-dessus de la ligne latérale n'est plus que de 54 à 56, mais celui des rangées en-dessous de cette ligne va encore à 52, caractère qui suffirait à lui seul à la faire reconnaître parmi les espèces insulindiennes du groupe dont elle fait partie. Elle se fait aisément distinguer aussi par la forme trapue du corps, par la force des épines dorsales, par la profonde échancrure préoperculaire, par l'absence de dents linguales, par la hauteur de la dorsale molle et par le système de coloration, qui est fort différent de celui des autres espèces connues.

Le rivulatus s'étend par toute la mer des Indes où il a été trouvé sur les côtes de Zanzibar, de Malabar et de Coromandel. Il habite aussi la Mer rouge et les côtes de Chine.

Je trouve une même formule des rangées transversales d'écailles dans une espèce du même groupe de la Côte de Guinée, le Lutjanus eutactus, mais celui-ci est du reste une espèce fort différente à corps beaucoup moins trapu, à dents linguales, à 6 (5½) rangées longitudinales d'écailles seulement au-dessus de la ligne latérale, à 10 rangées d'écailles préoperculaires, à coloration fort différente, etc. L'eutactus est plus voisin de l'espèce suivante que du rivulatus. La même observation est à faire par rapport aux espèces américaines, les Lutjanus uninotatus et cynodon, où les rangées longitudinales au-dessus de la ligne latérale sont aussi au nombre de 55 ou 56, mais celles au-dessous seulement au nombre de 47 ou 46.

Lutjanus argentimaculatus Blkr, Atl. ichth. Tab. 324 Perc. tab. 46 fig. 3.

Lutj. corpore oblongo compresso, altitudine 2⅖ ad 2⅘ in ejus longitudine absque-, 3 ad 3⅖ in ejus longitudine cum pinna caudali; latitudine corporis 2 fere ad 2½ in ejus altitudine; capite obtusiusculo vel acutiusculo 2½ ad 3 fere in longitudine corporis absque-, 3 ad 3⅖ in longitudine corporis cum pinna caudali; altitudine capitis 1 et paulo-, latitudine capitis 2 ad 2⅕ in ejus longitudine; linea rostro-frontali rectiuscula vel concaviuscula; vertice, fronte regioneque supraoculari posteriore alepidotis; oculis diametro 3¼ ad 4½ in longitudine capitis, diametro ⅔ ad 1 distantibus; rostro acutiusculo non convexo, apice ante ad conspicue infra oculi marginem inferiorem sito, oculo breviore ad longiore; naribus non longe a se invicem distantibus, anterioribus valvatis posterioribus oblongis vulgo minoribus; osse suborbitali sub oculo oculi diametro longitudinali plus duplo ad vix humiliore, ubique alepidoto; maxillis subaequalibus, superiore sub oculi dimidio anteriore (adultis) vel sub oculi dimidio posteriore (juvenilibus) desinente, 2 ad 2½ in longitudine capitis; maxillis dentibus serie externa utroque latere antice caninis vel caninoideis quorum canino intermaxillari magno, ceteris inaequalibus, inframaxillaribus mediis ceteris longioribus; dentibus vomerinis in vittam Λ formem vel in thurmam Δ vel ◇ formem-, palatinis utroque latere in vittam sat latam vel in thurmam oblongam dispositis; lingua valde juvenilibus (specim. long. 50''' ad 75''') vulgo edentula, adolescentibus medio vitta vel thurma oblonga denticulorum scabra, aetate provectioribus medio et antice denticulata; praeoperculo squamis in series 8 transversas dispositis, limbo alepidoto, margine libero postice et angulo denticulato dentibus angularibus ceteris majoribus, supra angulum incisura subnulla vel valde superficiali et valde aperta; squamis interoperculo uniserialis; fascia squamarum temporali bene distincta, non cum fascia lateris oppositi unita, squamis inaequalibus transversim 8- ad 10 seriatis longitudinaliter 1- ad 4 seriatis; squamis corpore angulum aperturae branchialis superiorem inter et basin pinnae caudalis supra lineam lateralem in series 50 circ. (47 ad 52) transversas, infra lineam lateralem in series 41 ad 44 transversas dispositis; squamis 20 circ. in serie transversali anum inter et pinnam dorsalem, 6 vel 7 lineam lateralem inter et dorsalem spinosam mediam, 12 circ. in serie longitudinali occiput inter et pinnam dorsalem; seriebus squamarum longitudinalibus supra lineam lateralem obliquis postrorsum valde adscendentibus, infra lineam lateralem horizontalibus; cauda parte libera aeque longa vel fere aeque longa ac postice alta; pinna dorsali parte spinosa alepidota vel basi spinarum tantum leviter squamata, parte radiosa basi late squamata; dorsali spinosa spinis mediocribus 3ª 4ª et 5ª ceteris longioribus 2 et paulo ad 2½ in altitudine corporis, spinis 2 posticis subaequalibus radio 1° brevioribus; dorsali radiosa dorsali spinosa altiore, paulo ad sat multo longiore quam alta, obtusa, rotundata radiis mediis ceteris longioribus; pectoralibus analem vix ad non attingentibus capite paulo brevioribus; ventralibus acutis analem non attingentibus capite absque rostro brevioribus; anali spinis validis juvenilibus 2ª 3ª longiore aetate provectioribus 2ª et 3ª subaequalibus vel 3ª 2ª longiore, parte radiosa dorsali radiosa altiore, multo altiore quam longa, obtuse rotundata radiis mediis ceteris longioribus; caudali extensa truncata vel leviter emarginata angulis obtusiuscula vel acutiuscula capite absque rostro paulo breviore ad vix longiore; colore corpore superne profunde olivaceo vel fuscescente-viridi, inferne dilutiore, pinnis aurantiaceo vel roseo-viridi; squamis corpore singulis basi macula profundiore; iride flavescente vel viridi; *juvenilibus* (spec. long. 47‴ ad 115‴) corpore vittis transversis argenteis 9 ad 11 verticalibus subaequidistantibus; genis vittulis 2 vel 1 longitudinalibus coeruleis vel viridescentibus; dorsali superne-, ventralibus et anali antice late nigris; *aetate provectioribus* coloribus ut in juvenilibus sed diffusis; *aetate provectis* (specim. long. 200‴ ad 455‴) vittis corpore nullis sed marginibus squamarum vulgo nitente viridibus vel margaritaceis.

B. 7. D. 10/13 vel 10/14 vel 10/15. P. 2/14. V. 1/5. A. 3/8 vel 3/9. C. 1/15/1 et lat. brev.

Syn. *Sciaena argentimaculata* Forsk., Descr. animal. p. 47 n°. 50.
Sciaena argentata L.Gm., Syst. nat. ed 13ª p. 1300.
Perca argentata Bl. Schn., Syst. p. 86.
Alphestes gembra et *sambra* Bl.Schn., Syst. p. 236 tab. 51.
Bodianus fasciatus Bl.Schn., Syst. tab. 65.

Labrus argentatus Lac., Poiss. III p. 426, 467.
Diacope argentimaculata CV., Poiss. II p. 326; Rüpp., Atl. Reis. N. Afr. Fisch. p. 71 tab. 19 fig. 1; Klunz., Syn. Fisch. R. M., Verh. zool. bot. Ges. Wien XX p. 699.
Mesoprion gembra CV., Poiss. II p. 368; Cant., Cat. Mal. Fish. p. 15; Blkr, Diagn. n. vischs. Sumatr., Nat. T. Ned. Ind. IV p. 246.
Mesoprion taeniops CV., Poiss. VI p. 408.
Mesoprion immaculatus CV.? Blkr, V. Bat. Gen. XXII Perc. p. 45 (nec CV.).
Mesoprion yapilli Rich., Ann. Nat. Hist. 1842 p. 26 (nec CV.).
Mesoprion argentimaculatus Günth., Cat. Fish. I p. 192.
Lutjanus sambra Blkr, Enum. poiss. Céram, N. T. Dierk. II p. 187.
Mesoprion rangus Day, Fish. Malab. p. 10 (nec CV.).
Djambian, Djenahah Mal. Batav.; *Somassi* Manad. Labuh.; *Laubidi, Laubini, Lawabini* Batjan.

Hab. Sumatra (Benculen, Padang, Priaman); Pinang; Singapura; Biliton; Java (Batavia); Bali (Djembrana, Boleling); Borneo (Pontianak); Celebes (Macassar, Manado, Lagusi); Timor; Batjan (Labuha); Ceram (Wahai); Amboina; Waigiu; Nova-Guinea; in mari et aquis flavio-marinis.
Longitudo 25 speciminum 50‴ ad 455‴.

Rem. Dans l'argentimaculatus, comme dans le rivulatus, les rangées longitudinales d'écailles au-dessus de la ligne latérale sont moins obliques que dans les autres espèces du même groupe. Les écailles elles-mêmes y sont plus grandes et on n'en compte plus que de 47 à 52 rangées transversales au-dessus, et que 44 rangées seulement au-dessous de la ligne latérale; et les écailles sur une rangée transversale ne sont qu'au nombre de 20. Les bandelettes sousoculaires bleuâtres ou verdâtres disparaissent dans la liqueur. Les bandes transversales du corps, nettement dessinées dans les jeunes, n'existent plus dans l'âge un peu avancé. La tache violette ou brune sur la base de chaque écaille du corps se voit encore très-bien dans les adultes.

Hors l'Insulinde l'espèce est connue de la Mer rouge, de Zanzibar, du Bengale, de la côte Malabare et de la côte nord-ouest de la Nouvelle-Hollande.

Lutjanus macolor Blkr.

Lutj. corpore oblongo compresso, altitudine 2¼ ad 2⅔ in ejus longitudine absque-, 3 ad 3⅘ in ejus longitudine cum pinna caudali; latitudine corporis

$2\frac{1}{5}$ ad $2\frac{2}{3}$ in ejus altitudine; capite obtuso convexo $2\frac{5}{8}$ ad $3\frac{1}{5}$ in longitudine corporis absque-, $3\frac{3}{5}$ ad $4\frac{1}{5}$ in longitudine corporis cum pinna caudali, valde juvenilibus paulo longiore quam alto aetate provectioribus vulgo paulo altiore quam longo; latitudine capitis 2 circ. in ejus longitudine; linea rostro-frontali ante oculos praesertim convexa; vertice fronte et regione supraoculari posteriore alepidotis; oculis diametro $2\frac{3}{4}$ ad $3\frac{2}{5}$ in longitudine capitis, diametro $\frac{3}{5}$ ad 1 et paulo distantibus; rostro obtuso convexo, apice ante oculi partem inferiorem vel vix sub oculo sito, oculo duplo fere ad paulo breviore; naribus distantibus anterioribus brevicirratis posterioribus minoribus; osse suborbitali sub oculo oculi diametro longitudinali plus triplo ad minus duplo humiliore, ubique alepidoto; maxilla superiore maxilla inferiore paulo breviore, sub pupilla desinente, $2\frac{1}{4}$ circ. in longitudine capitis; maxilla superiore dentibus serie externa antrorsum directis utroque latere antice caninis 2 ad 4 parvis conicis parum curvatis medio et postice mediocribus 12 ad 15; maxilla inferiore dentibus serie externa sursum directis utroque latere antice caninoideis 3 ad 5 conicis parum curvatis medio et postice parvis inaequalibus 15 ad 20; dentibus vomerinis in thurmam triangularem vel in vittam Λ formem-, palatinis utroque latere in vittam gracillimam dispositis; lingua edentula; praeoperculo squamis in series 6 ad 8 transversas dispositis, limbo alepidoto, margine libero postice et inferne denticulato denticulis angulum versus ceteris fortioribus, supra angulum incisura profunda angusta tuberculum interoperculare conicum recipiente; fascia squamarum temporali sat distincta, non cum fascia lateris oppositi unita, squamis inaequalibus transversim 5- vel 6-seriatis, longitudinaliter 1- ad 3-seriatis; squamis corpore angulum aperturae branchialis superiorem inter et basin pinnae caudalis supra lineam lateralem in series 70 circ. transversas, infra lineam lateralem in series 65 circ. transversas dispositis; squamis 28 ad 30 in serie transversali anum inter et basin pinnae dorsalis quarum 8 circ. lineam lateralem inter et basin dorsalis spinosae mediam, 15 circ. in serie longitudinali occiput inter et pinnam dorsalem; seriebus squamarum longitudinalibus supra lineam lateralem obliquis postrorsum valde adscendentibus, infra lineam lateralem horizontalibus; cauda parte libera paulo longiore quam postice alta; pinna dorsali parte spinosa et parte radiosa basi valde squamosa; dorsali spinosa spinis mediocribus, 1ª ceteris breviore, 2ª et 3ª vel 2ª 3ª et 4ª ceteris longioribus 2 ad $2\frac{1}{2}$ in altitudine corporis, spina postica spina penultima longiore radio 1° breviore; dorsali radiosa dorsali spinosa multo altiore, paulo ad multo altiore quam longa, acutangula, radiis mediis radiis ceteris longioribus 1 et paulo ad 1½ in altitudine corporis; pectoralibus mediam basin pinnae analis attingentibus vel superantibus capite paulo ad sat multo longioribus; ventralibus juvenilibus et adultis obtusiusculis vel acutiusculis analem non ad vix attingentibus adolescentibus et aetate provectioribus acutissimis initium analis longe superantibus; anali spinis mediocribus 3ª ceteris et oculo longiore radio 1° breviore, parte radiosa multo altiore quam longa, acutangula, radiis mediis radiis ceteris longioribus radiis dorsalibus longissimis non ad paulo brevioribus; caudali valde juvenilibus convexa, adolescentibus et adultis paulo ad sat profunde emarginata angulis acuta vel obtuse rotundata capite longiore ad non multo breviore; colore corpore dorso lateribusque superne nigro vel fusco, inferne albo vel flavescente-margaritaceo; pinnis nigris vel fuscis; *juvenilibus* (spec. long. 75‴ ad 130‴) fusco vel nigro vix infra lineam lateralem descendente maculis 2 ad 5 rotundiusculis albidis; capite majore parte albido fasciis 2 transversis nigricante-fuscis anteriore rostro-inframaxillari posteriore oculo-postmaxillari oculo multo latiore; lateribus inferne fascia longitudinali nigricante-fusca; pinnis nigricante-fuscis, dorsali medio et postice, caudali medio et angulis, anali postice albidis vel flavescentibus; — *adolescentibus* (spec. long. 160‴ ad 195‴) fusco vel nigro longe sub linea laterali desinente maculis rotundis et oblongis 8 ad 10 albidis vel pallide roseis; capite majore parte nigricante-fusco fascia praeoperculo-inframaxillari et regione operculari inferiore macula angulata maxima albidis vel pallide roseis; pinnis ut in juvenilibus; — *aetate provectioribus* (spec. long. 220‴ ad 280‴), coloribus capite, corpore pinnisque ut in adolescentibus sed dorso maculis interdum parcioribus et pinna dorsali parte posteriore excepta tota fusca vel nigricante-fusca; — iride omni aetate fusca margine pupillari vulgo rubra.

B. 7. D. 10/13 vel 10/14 vel 10/15. P. 2/15. V. 1/5. A. 3/10 vel 3/11 vel 3/12. C. 1/15/1 et lat. brev.

Syn. *Bruine Kakatoevisch, Groote Moorvisch* Ruysch, Coll. nov. Pisc. Ambom. p. 10 tab. 6 fig. 4; p. 16 tab. 9 fig. 1.

Roelat vel Rolat, Ikan Roelat jang merah, Ile laoet Valent., Amb. fig. 1, 156, 317.

Macolor Kakatoe Ren., Poiss. Mol. I, tab. 9 fig. 60; II, tab. 7 fig. 30; tab. 20 fig. 95.

Diacope macolor CV., Poiss. II, p. 313; Less., Mém. Soc. Hist. Nat. IV p. 409; Zool. Voy. Coquille II p. 830 tab. 22, fig. 2.

Mesoprion macolor Blkr, Derde bijdr. ichth. Celeb., Nat. T. Ned. Ind. III p. 753.

Genyoroge macolor Günth., Catal. Fish. I p. 170; Playf. Günth., Fish. Zanzib. p. 14.

Macolor typus Blkr, Enum. poiss. Amboine, Ned. T. Dierk. II p. 277.

Hab. Celebes (Macassar); Buro (Kajeli); Ternata; Amboina; Haruko; Banda (Neira); Waigiu; Nova-Guinea; in mari.

Longitudo 8 speciminum 75''' ad 280'''.

Rem. Descriptioni addenda: »Corpore pinnisque *adultis* fuscis vel nigricantibus, maculis vel fasciis nullis". MM. Playfair et Günther (Fish. Zanzib. p. 14) assurent que le Sciaena nigra Forsk. ou le Diacope nigra CV., Rüpp. n'est que l'adulte de l'espèce actuelle. La synonymie de l'adulte serait donc comme suit.

Sciaena nigra Forsk., Descr. anim. p. 47; L. Gm., Syst. Nat. ed. 13ª p. 1300.

Lutjanus niger Bl. Schn., Syst. p. 326.

Diacope nigra CV., Poiss II p. 326; Rüpp., N. Wirb. Fisch. p. 93, tab. 24 fig. 1; Klunz., Syn. Fisch. R. M., Verh. zool. bot. Ges. Wien XX p. 696.

Genyoroge nigra Günth., Cat. Fish. I p. 176.

Proamblys niger Gill, Proc. Ac. Nat. Sc. Philad. 1862. p. 236.

La figure de Rüppell, prise sur un individu de 15 pouces de long, présente une physionomie fort différente de mes plus grands individus, et je n'adopte l'identité spécifique du Diacope nigra CV. avec le Lutjanus macolor que sur l'autorité des auteurs des »Fishes of Zanzibar."

Le macolor est une des espèces les plus remarquables du genre Lutjanus, et on a même cru devoir en faire un genre distinct sous le nom de Macolor ou de Proamblys. Son profil obtus et convexe, la large base squammeuse de la dorsale épineuse et le nombre de 10 à 12 rayons à l'anale, bien qu'exceptionnels dans les Lutjans, ne pourraient point motiver une séparation générique, et ce n'est que la dentition des mâchoires où l'on pourrait voir un caractère d'une valeur plus que spécifique. En effet, les canines droites et petites de l'avant des mâchoires, la direction en avant des dents intermaxillaires de la rangée externe et les petites et nombreuses dents latérales externes de la mâchoire inférieure, font aisément distinguer le macolor de toutes les autres espèces connues du genre, mais si l'on considère que cette dentition se diversifie infiniment dans ces espèces, que dans plusieurs quelques unes des dents intermaxillaire postérieures sont tout aussi bien courbées en avant, et que, dans l'âge avancé du macolor, les dents inframaxillaires de la rangée externe, quoique restant petites, sont inégales et les médianes plus fortes que les antérieures et que les postérieures, tout comme dans les autres espèces, on ne sent pas la nécessité d'une séparation générique.

Je n'ai jamais reçu le macolor des mers de la Sonde, mais il habite aussi la Mer rouge et les côtes de Zanzibar.

Aprion CV. = Apsilus CV. = Chaetopterus Schl. = Pristipomoides Blkr = Sparopsis Kuer = Platyinius Gill.

Corpus oblongum compressum squamis ctenoideis mediocribus vel parvis vestitum. Caput regione temporali ossibusque opercularibus omnibus squamatum, rostro maxillisque alepidotum. Maxillae subaequales, superior vix protractilis alepidota. Dentes acuti pluriseriati maxillis, vomerini, palatini. Os suborbitale edentulum. Praeoperculum et os suprascapulare (aetate minus provectis) denticulata. Operculum spinis veris nullis. Pinnae, dorsalis et analis alepidotae, dorsalis unica integra non emarginata spinis gracilibus 10 et radiis 10 ad 12, analis spinis 3 et radiis 7 ad 9, pectorales acutae, caudalis profunde incisa lobis gracilibus acutissimis. Pseudobranchiae. B. 7. Vesica aërea simplex.

Rem. Depuis longtemps on connaît plusieurs espèces d'un type générique fort voisin du Lutjanus, qui ont beaucoup embarrassé les naturalistes. Ce sont l'Aprion virescens, l'Apsilus fuscus, le Chaetopterus Sieboldi, le Pristipomoides typus et le Chaetopterus microlepis.

Toutes ces espèces me paraissent maintenant ne pas se distinguer génériquement les unes des autres et c'est tout au plus qu'on aurait droit de voir une coupe sousgénérique dans l'Apsilus fuscus, caractérisé par l'absence de dents canines. Ce genre, auquel je conserve le nom d'Aprion puisqu'il a été indiqué le premier sous cette dénomination, ne se distingue essentiellement du genre Lutjanus que par les nageoires dorsale et anale dénuées d'écailles. Toutes les espèces connues ont la caudale profondément échancrée et à lobes pointus, mais ce caractère se retrouve aussi dans quelques espèces de Lutjanus (chrysurus et aurorubens).

L'Insulinde nourrit au moins trois espèces d'Aprion. Je les ai décrites sous les noms de Pristipomoides typus, Chaetopterus microlepis et Mesoprion microchir, mais le dernier, qu'autrefois je croyai inédite, n'est point distinct de l'Aprion virescens.

Les espèces insulindiennes sont aisément à reconnaître aux caractères dont l'exposé va suivre.

I. Canines aux deux mâchoires. Dorsale non échancrée (*Aprion*).

A. Rangées longitudinales d'écailles horizontales, non obliques. Front et vertex dénués d'écailles. Membrane dorsale peu échancrée entre les épines. D. 10/11 ou 10/12.

a. Pectorales deux fois dans la longueur de la tête. Environ 50 rangées transversales d'écailles au-dessus et au dessous de la ligne latérale. 25 écailles sur une rangée transversale dont 6 ou 7 au-dessus de la ligne latérale. Canines fortes aux deux mâchoires. Hauteur du corps 4 fois dans sa longueur sans la caudale. Dorsale à taches brunes ou violettes entre les épines.

1. *Aprion* (*Aprion*) *virescens* Blkr.

b. Pectorales en forme de faux et presqu'aussi longues que la tête. Canines fortes à la mâchoire supérieure, faibles à la mâchoire inférieure. 22 ou 23 écailles sur une rangée transversale dont 6 ou 7 au-dessus de la ligne latérale. Corps et nageoires roses; dorsale à ocelles ou bandelettes longitudinales jaunes. Dernier rayon de la dorsale et de l'anale plus ou moins prolongé en soie. Hauteur du corps 3 à $3\frac{2}{5}$ fois dans sa longueur sans la caudale.

aa. Environ 60 rangées transversales d'écailles au-dessus et au-dessous de la ligne latérale. Lobe supérieur de la caudale non prolongé en soie. Hauteur de la tête $1\frac{1}{3}$ fois dans sa longueur.

2. *Aprion* (*Aprion*) *microlepis* Blkr.

bb. Environ 50 rangées transversales d'écailles au-dessus et au-dessous de la ligne latérale. Lobe supérieur de la caudale prolongé en soie. Hauteur de la tête $1\frac{1}{3}$ fois dans la longueur.

3. *Aprion* (*Aprion*) *pristipoma* Blkr.

Je note encore que le genre Aprion est fort voisin non seulement du Lutjanus mais aussi du genre Etelis CV. (= Elastoma Swns. = Hesperanthias

Lowe = Macrops Dumér.), genre longtemps méconnu quant à ses affinités naturelles et qui ne se distingue, à en juger d'après les descriptions, de l'Aprion que par la profonde échancrure entre la dorsale épineuse et molle et par l'écaillure de l'os supramaxillaire. C'est par erreur qu'autrefois j'ai placé ce genre dans le groupe des Anthianini. Je suis de l'avis de M. Gill que le genre Elastoma Swns. ne soit pas point distinct du genre Etelis CV.

Aprion (Aprion) virescens CV., Poiss. VI p. 409 tab 168; Günth, Cat. Fish. I p. 81.

Aprion (Apr.) corpore elongato vel subelongato compresso, altitudine 4 fere ad 4 in ejus longitudine absque-, 5 fere ad $5\frac{1}{3}$ in ejus longitudine cum pinna caudali; latitudine corporis $1\frac{2}{5}$ ad $1\frac{3}{5}$ in ejus altitudine; capite acutiusculo 3 ad 4 fere in longitudine corporis absque-, 4 fere ad 5 in longitudine corporis cum pinna caudali; altitudine capitis $1\frac{1}{5}$ ad $1\frac{2}{5}$, latitudine capitis $1\frac{1}{2}$ ad 2 in ejus longitudine; fronte et vertice alepidotis; oculis diametro 3 ad $4\frac{1}{2}$ in longitudine capitis, diametro $\frac{3}{4}$ ad $1\frac{1}{2}$ distantibus; linea rostro-frontali rostro aetate provectis praesertim convexa; fronte inter oculos plana; rostro convexo oculo non ad duplo fere longiore; osse suborbitali anteriore sub oculo oculi diametro longitudinali quadruplo ad non humiliore; naribus approximatis anterioribus valvatis posterioribus minoribus; maxillis subaequalibus superiore inferiore paulo breviore, sub oculi parte anteriore desinente, 2 et paulo ad $2\frac{3}{4}$ in longitudine capitis; maxillis dentibus serie externa seriebus ceteris multo majoribus, utroque latere antice caninis magnis curvatis externis quam internis conspicue longioribus, medio et postice dentibus inaequalibus intermaxillaribus anterioribus sequentibus, inframaxillaribus mediis ceteris fortioribus (caninis inframaxillaribus specimine valde juvenili nondum evolutis); dentibus vomerinis et palatinis parum evolutis, vomerinis in vittam Λ formem-, palatinis utroque latere in vittam gracilem dispositis; squamis praeoperculo in series 7 vel 8 obliquas-, operculo cum suboperculo in series 10 circ. obliquas-, interoperculo in series 3 obliquas-, temporalibus in series 5 vel 6 obliquas transversas dispositis; praeoperculo angulo obtuse rotundato, margine posteriore incisura nulla angulo junioribus dentibus parvis scabro, limbo alepidoto; fascia squamarum temporali sat distincta non cum fascia lateris oppositi unita, duplo circ. longiore quam lata, squamis transversim 6 ad 7 seriatis, longitudinaliter 3- vel 4- seriatis; osse suprascapulari juvenilibus denticulato aetate provectis edentulo; linea laterali parum curvata singulis squamis tubulo simplice notata; squamis corpore junioribus ctenoideis aetate provectis non ciliatis, angulum aperturae branchialis superiorem inter et basin pinnae caudalis supra et infra lineam lateralem in series 50 circ. transversas dispositis; squamis 25 in serie transversali quarum 6 vel 7 lineam lateralem inter et pinnam dorsalem, 13 vel 14 in serie longitudinali occiput inter et pinnam dorsalem; seriebus squamarum longitudinalibus supra et infra lineam lateralem horizontalibus non obliquis; cauda parte libera duplo vel plus duplo longiore quam postice alta; pinna dorsali spinis gracilibus flexilibus 3ª, 4ª et 5ª ceteris longioribus 2 ad $2\frac{2}{5}$ in altitudine corporis, membrana inter singulas spinas leviter emarginata; dorsali radiosa dorsali spinosa humiliore, duplo circ. longiore quam alta, radio postico aetate provectis radio penultimo multo longiore juvenilibus non producto; pectoralibus 2 ad 2 et paulo-, ventralibus $1\frac{2}{3}$ ad 2 fere in longitudine capitis; anali caudae parte libera breviore spinis gracilibus flexilibus 3ª ceteris longiore, parte radiosa altitudine $1\frac{1}{2}$ ad 2 in ejus longitudine radio postico aetate provectis radio penultimo multo longiore juvenilibus non producto; caudali profunde emarginata lobis gracilibus acutis capite paulo brevioribus ad paulo longioribus; colore corpore superne olivascente vel fuscescente-olivaceo basi squamarum profundiore, inferne flavescente vel roseo-margaritaceo; iride flava roseo tincta; pinnis flavis vel aurantiacis, dorsali basi inter singulas spinas vel inter spinas 3 vel 4 posteriores tantum macula rotunda fusca vel fusco-violacea, superne fuscescente vel rubro marginata.

B. 7. D. 10/11 vel 10/12. P. 2/15 vel 2/16. V. 1/5. A. 3/8 vel 3/9. C. 1/15/1 et lat. brev.

Syn. *Mesoprion microchir* Blkr, Vierde bijdr. ichth. Amboina, Nat. Tijdschr. N. Ind. V p. 333; Günth., Cat. Fish. I p. 186.
Lutjanus microchir Blkr, Onz. not. ichth. Ternate, Ned. T. Dierk. I p. 235.
Chaetopterus microchir Blkr, Descr. esp. Chaetopt. Amb., Versl. Kon. Akad. 2ᵉ Ser. III p. 85; Atl. ichth. tab. 293, Perc. tab. 15 fig. 3.
Sparopsis elongatus Kner, Folg. n. Fisch. Mus. Godeffr. Sitzb. K. Akad. Wiss. 1868, Vol. 58 p. 303 tab. 3 fig. 6.

Hab. Celebes (Macassar); Ternata; Amboina; in mari.

Longitudo 5 speciminum 91‴, 136‴, 370‴, 520‴, 720‴.

Rem. L'Aprion virescens se fait reconnaître du premier coup-d'oeil de toutes les espèces voisines, par les petites pectorales dont la longueur mesure environ deux fois dans la longueur de la tête, par les fortes canines aux deux mâchoires et par les taches brunes entre plusieurs épines de la dorsale.

L'espèce fut établie en l'an 1830 sur des individus adultes à bord préoperculaire lisse, caractère purement d'âge mais sur lequel les auteurs fondèrent le genre Aprion. En l'an 1853 j'en observai un individu de 136''' de long, à écailles assez fortement ciliées et à préopercule dentelé. Je publiai cette espèce sous le nom de Mesoprion microchir. — M. Kner, en l'an 1868, ne reconnaissant pas non plus l'espèce Cuviérienne, en fit un nouveau genre et la publia sous le nom de Sparopsis elongatus. Il y trouva le palais sans dents, mais il est à remarquer que les dents vomériennes et palatines du virescens, déjà fort peu développées dans les jeunes et les adolescents, s'usent avec l'âge et peuvent bien finir à n'être plus perceptibles dans quelques individus d'âge avancé. C'est tout comme les denticulations du préopercule, du surscapulaire et des écailles, dont ont ne trouve plus de vestiges dans les adultes quoiqu'elles soient nettement marquées dans les jeunes. M. Kner ne parle aussi que de deux épines anales mais la belle figure qu'il publie du Sparopsis elongatus en montre distinctement trois. L'observation de M. Kner que son Sparopsis doive être rapproché des Synagris (Dentex) et des Pentapus est parfaitement juste. Ces genres sont de vrais Lutjaniformes et ont été fort à tort placés dans une famille distincte des Percoïdes.

L'Aprion virescens habite, hors l'Insulinde, les Seychelles et l'île de Candavu.

Aprion (Aprion) microlepis Blkr.

Apr. (Apr.) corpore oblongo-subelongato compresso, altitudine $3\frac{1}{2}$ ad $3\frac{2}{3}$ in ejus longitudine absque-, $4\frac{1}{2}$ ad $4\frac{2}{3}$ in ejus longitudine cum pinna caudali; latitudine corporis 2 fere in ejus altitudine; capite acutiusculo 3 et paulo ad $3\frac{1}{3}$ in longitudine corporis absque-, 4 et paulo ad $4\frac{1}{3}$ in longitudine corporis cum pinna caudali; altitudine capitis $1\frac{1}{3}$ circ., latitudine capitis 2 circ in ejus longitudine; fronte et vertice alepidotis; oculis diametro 3 circ. in longitudine capitis, diametro 1 circ. distantibus; linea rostro-frontali rostro convexa; fronte inter oculos plana; rostro convexo oculo non multo breviore; osse suborbitali anteriore sub oculo oculi diametro longitudinali triplo circ. humiliore; naribus approximatis anterioribus valvatis posterioribus minoribus; maxillis subaequalibus, superiore inferiore paulo breviore sub iridis parte anteriore desinente, $2\frac{2}{3}$ circ. in longitudine capitis; maxillis dentibus serie externa seriebus ceteris multo majoribus, maxilla superiore utroque latere antice caninis 2 sat magnis curvatis externis quam internis conspicue longioribus, medio et postice dentibus inaequalibus anterioribus sequentibus longioribus; maxilla inferiore utroque latere antice caninoideis 4 parvis, medio et postice dentibus inaequalibus mediis ceteris fortioribus: dentibus vomerinis bene evolutis in thurmam triangularem postice concavam dispositis, dentibus posterioribus fortioribus; dentibus palatinis utroque latere in thurmam elongatam gracilem dispositis; squamis praeoperculo in series 8-, operculo cum suboperculo in series 9 ad 11-, interoperculo in series 3-, temporalibus in series 6 obliquas transversas dispositis; praeoperculo subrectangulo angulo rotundato, limbo alepidoto, margine posteriore non vel vix emarginato, angulo et inferne denticulato dentibus angularibus ceteris majoribus; fascia squamarum temporali sat distincta, non cum fascia lateris oppositi unita, minus duplo longiore quam lata, squamis transversim 6- vel 7-seriatis, longitudinaliter 3 vel 4-seriatis; osse suprascapulari denticulato; linea laterali mediocriter curvata singulis squamis tubulo simplice notata; squamis corpore angulum aperturae branchialis superiorem inter et basin pinnae caudalis supra et infra lineam lateralem in series 60 transversas dispositis; squamis 22 vel 23 in serie transversali quarum 6 vel 7 lineam lateralem inter et pinnam dorsalem, 16 vel 17 in serie longitudinali occiput inter et pinnam dorsalem; seriebus squamarum longitudinalibus supra et infra lineam lateralem horizontalibus non obliquis; cauda parte libera minus duplo ad duplo longiore quam postice alta; pinna dorsali spinis gracilibus flexilibus 4ª ceteris longiore $2\frac{1}{3}$ circ. in altitudine corporis, membrana inter singulas spinas leviter emarginata; dorsali radiosa dorsali spinosa paulo humiliore, duplo circ. longiore quam alta radio postico radio penultimo multo longiore; pectoralibus capite paulo brevioribus; ventralibus capite absque rostro non longioribus; anali caudae parte libera breviore, spinis mediocribus non flexilibus 3ª ceteris longiore, parte radiosa multo minus duplo longiore quam alta radio postico radio penultimo multo longiore; caudali profunde emarginata lobis acutis gracilibus non productis capite non vel vix brevioribus; colore corpore superne roseo, inferne roseo-argenteo; capite superne et rostro violascente-roseo; iride flava; pinnis roseis vel roseo-hyalinis, dorsali vitta longitudinali mediana flava et basi inter singulas spinas et radios ocello margaritaceo; linea laterali fuscescente-aurantiaca.

B. 7. D. 10/11 vel 10/12. P. 2/13 vel 2/14. V. 1/5. A. 3/8 vel 3/9. C. 1/15/1 et lat. brev.

Syn. *Chaetopterus microlepis* Blkr. Descr. esp. inéd. Chaetopt. d'Amboine, Versl. Kon. Akad. Wet. Afd. Natuurk. 2e Reeks. III p. 80.

Hab. Amboina ; Borbonia; in mari.

Longitudo 2 speciminum 167''' et 251'''.

Rem. L'Aprion actuel et l'Aprion pristipoma se distinguent éminemment du virescens par la longueur des pectorales et par la forme plus raccourcie du corps. Fort voisins l'un de l'autre ils se distinguent principalement par l'écaillure, le microlepis ayant environ dix rangeés transversales d'écailles de de plus que le pristipoma. J'y compte aussi une rangée longitudinale d'écailles de plus au-dessus de la ligne latérale et deux rangées d'écailles de plus au préopercule. Le microlepis se fait reconnaître en outre par sa tête relativement moins haute et par l'absence de filet caudal.

Les deux individus décrits, les seuls que j'ai vus de l'espèce, proviennent des mers d'Amboine et de l'île de Bourbon.

Aprion (*Aprion*) *pristipoma* Blkr.

Apr. (Apr.) corpore oblongo-subelongato compresso, altitudine $3\frac{1}{8}$ ad $3\frac{1}{4}$ in ejus longitudine absque-, $4\frac{1}{2}$ ad $4\frac{2}{3}$ in ejus longitudine cum pinna caudali; latitudine corporis 2 circ. in ejus altitudine; capite acutiusculo $3\frac{1}{8}$ ad $3\frac{1}{4}$ in longitudine corporis absque-, $4\frac{1}{2}$ ad $4\frac{3}{4}$ in longitudine corporis cum pinna caudali; altitudine capitis $1\frac{1}{5}$ circ.-, latitudine capitis 2 circ. in ejus longitudine; fronte et vertice alepidotis; oculis diametro $3\frac{1}{4}$ fere in longitudine capitis, diametro $\frac{3}{4}$ circ. distantibus; linea rostro-frontali rostro convexa; fronte inter oculos plana; rostro convexo oculo non multo breviore; osse suborbitali sub oculo oculi diametro longitudinali minus triplo humiliore; naribus approximatis anterioribus valvatis posterioribus paulo minoribus; maxilla superiore maxilla inferiore paulo breviore, sub pupillae parte anteriore desinente, $2\frac{2}{5}$ circ. in longitudine capitis; maxillis dentibus serie externa seriebus ceteris multo majoribus, utroque latere antice caninis sat magnis curvatis externis quam internis conspicue longioribus, medio et postice dentibus inaequalibus intermaxillaribus anterioribus sequentibus-, inframaxillaribus mediis ceteris fortioribus; dentibus vomerinis et palatinis minimis, vomerinis in vittam $\wedge$ formem-, palatinis utroque latere in vittam gracillimam dispositis; squamis praeoperculo in series 6-, operculo cum suboperculo in series 8 ad 10-, interoperculo in series 3-, temporalibus in series 4 obliquas transversas dispositis; praeoperculo subrectangulo angulo rotundato, limbo alepidoto, margine posteriore non emarginato anguloque leviter denticulato denticulis angulo ceteris majoribus; fascia squamarum temporali bene distincta, duplo longiore quam lata, squamis transversim 6- vel 7-seriatis, longitudinaliter 3- vel 4-seriatis; osse suprascapulari crenato-denticulato; linea laterali parum curvata, singulis squamis tubulo simplice notata; squamis corpore angulum aperturae branchialis superiorem inter et basin pinnae caudalis supra et infra lineam lateralem in series 50 circ. transversas dispositis; squamis 22 vel 23 in serie transversali quarum 6 lineam lateralem inter et pinnam dorsalem, 14 circ., in serie longitudinali occiput inter et pinnam dorsalem; seriebus squamarum longitudinalibus supra et infra lineam lateralem horizontalibus non obliquis; cauda parte libera sat multo minus duplo longiore quam postice alta; pinna dorsali spinis gracilibus flexilibus 4ª, 5ª et 6ª ceteris longioribus 2 circ. in altitudine corporis, membrana inter singulas spinas vix emarginata; dorsali radiosa dorsali spinosa humiliore, duplo circ. longiore quam alta, radio postico radio penultimo multo longiore; pectoralibus capite paulo brevioribus; ventralibus capite absque rostro non ad vix brevioribus; anali caudae parte libera vix breviore, spinis gracilibus non flexilibus 3ª ceteris longiore, parte radiosa minus duplo longiore quam alta radio postico radio penultimo multo longiore; caudali profunde incisa lobis gracilibus acutis superiore inferiore multo longiore in setam producto capite multo longiore; colore corpore pinnisque roseo, capite superne profundiore; iride flava; pinna dorsali basi, margine superiore et vitta mediana longitudinali plus minusve interrupta viridescente-flavis; linea laterali fuscescente-aurantiaca.

B. 7. D. 10/11 vel 10/12. P. 2/14. V. 1/5. A. 3/8 vel 3/9. C. 1/15/1 et lat. brev.

Syn. *Pristipomoides typus* Blkr, Diagn. vischs. Sumatra, Nat. T. Ned. Ind. III p. 575; Günth., Catal. Fish. I p. 380.

Dentex pristipoma Blkr, Vijfde bijdr. ichth. Celeb, Nat. T. Ned. Ind. VII p. 246.

Mesoprion dentex Blkr, Act. Soc. Sc. Ind. Neerl. VI Enum. Pisc. p. 20.

Lutjanus dentex Blkr, Enum. esp. poiss. Amb., Ned. T. Dierk. II p 278.

Chaetopterus pristipoma Blkr, Descr. n. esp. Chaetopt., Versl. Kon. Akad. Wet. Afd. Nat. 2ᵉ Reeks III p. 83.

Hab. Sumatra (Siboga); Celebes; Nova-Guinea; in mari.
Longitudo 2 speciminum 275''' et 293'''.

Rem. L'histoire de cette espèce est à peu près celle de l'Etelis virescens. Après l'avoir érigée en genre distinct je la plaçai tour à tour parmi les Dentex et les Lutjanus. Depuis j'ai reconnu les vrais caractères du genre actuel et pouvoir constater que le type du genre Pristipomoides soit en effet d'un genre distinct du Lutjanus et du Dentex, mais qui ne peut pas être séparé du genre Aprion.

APPENDICE.

Aphareus CV.

Corpus oblongo-elongatum compressum squamis mediocribus ctenoideis vestitum. Caput regione postoculo-temporali ossibusque opercularibus tantum squamatum, squamis praeoperculo pluriseriatis, limbo praeoperculari nullis. Maxillae, superior non protractilis ore clauso magna parte sub osse suborbitali recondita, inferior elevata superiore longior. Labia gracilia. Dentes maxillis pharyngealesque pluriseriati minimi acuti; vomerini, palatini et linguales nulli. Os suborbitale inerme. Praeoperculum edentulum. Operculum spina vera nulla. Mentum poris magnis vel fossula mediana nullis. Pinnae, pectorales et ventrales acutae, dorsalis indivisa et analis alepidotae, dorsalis spinis gracilibus 10 et radiis 10 vel 11, analis spinis 3 et radiis 8. Caudalis biloba. Pseudobranchiae. B. 7. Apertura branchialis usque ad mentum fere sese extendens. Vesica aërea simplex.

Rem. Les affinités du genre Aphareus tant avec les Dentex qu'avec les Aprion et les Apsilus, lui assignent une place entre ces deux types. Les Aphareus sont pour ainsi dire des Apsilus sans dents au palais. Ils ne s'en distinguent du reste essentiellement que par la conformation des mâchoires, les intermaxillaires étant fort minces et se cachant en partie (la bouche étant close) sous le sousorbitaire fort développé, et les branches de la mâchoire inférieure étant beaucoup plus hautes qu'ils ne sont dans les types voisins. On ne saurait même point distinguer un Aphareus d'un Aprion, en n'ayant sous les yeux des deux genres que des individus sans museau et sans mâchoires.

Aphareus furcatus Günth., Catal. Fish. I. p. 386.

Aphar. corpore oblongo-elongato compresso, altitudine $3\frac{3}{5}$ ad $4\frac{2}{3}$ in ejus longitudine absque-, $4\frac{3}{4}$ ad 6 in ejus longitudine cum pinna caudali; latitudine corporis $1\frac{2}{3}$ ad 2 in ejus altitudine; capite acuto 3 ad $3\frac{2}{5}$ in longitudine corporis absque-, 4 ad $4\frac{2}{3}$ in longitudine corporis cum pinna caudali; altitudine capitis $1\frac{1}{4}$ ad $1\frac{1}{2}$-, latitudine capitis 2 ad 2 et paulo in ejus longitudine; linea rostro-frontali junioribus rectiuscula aetate provectioribus rostro convexa ante oculos concava; oculis diametro 3 ad $3\frac{2}{3}$ in longitudine capitis, diametro $\frac{4}{5}$ ad 1 et paulo distantibus; rostro acuto juvenilibus oculo breviore aetate provectioribus oculo paulo longiore; naribus parvis approximatis sat longe ante medium oculum perforatis; osse suborbitali ad angulum oris pupillae diametro plus duplo ad non humiliore; maxilla superiore sub oculi dimidio posteriore desinente 2 circ. in longitudine capitis; maxilla inferiore maxilla superiore conspicue longiore antice truncata margine dentali rectiuscula; dentibus maxillis minimis antice bi- ad tri-seriatis postice uniseriatis; labiis, superiore gracillimo, inferiore gracili sed postice quam antice multo latiore; fascia squamarum temporali minus duplo longiore quam lata, squamis in series 8 circ. transversas dispositis; squamis praeoperculo in series 8 vel 9 transversas curvatas dispositis; praeoperculo angulo obtuse rotundato plus minusve crenulato limbo alepidoto parte squamata minus duplo graciliore; squamis interoperculo tri- ad quadriseriatis; operculo angulo non pungente; osse suprascapulari denticulato; squamis corpore ciliatis, supra et infra lineam lateralem in series horizontales dispositis; squamis angulum aperturae branchialis superiorem inter et basin pinnae caudalis supra et infra lineam lateralem in series 70 circ. transversas dispositis; squamis 25 in serie transversali anum inter et pinnam dorsalem, 8 lineam lateralem inter et dorsalem spinosam mediam, 20 circ. in serie longitudinali occiput inter et pinnam dorsalem; linea laterali parum curvata singulis squamis tubulo simplice notata; cauda parte libera duplo circ. longiore quam postice alta; pinna dorsali parte spinosa parte radiosa non vel vix longiore, spinis 3ª, 4ª et 5ª ceteris longioribus 2 ad 2 et paulo in altitudine corporis, parte radiosa parte spinosa humiliore radio postico ceteris paulo ad multo longiore aetate provectioribus basin pinnae caudalis attingente vel subattingente; pectoralibus falcatis capite non ad vix brevioribus, aetate provectioribus radiis subinferis radiis mediis longioribus; ventralibus capite absque rostro brevioribus; anali spina 3ª ceteris longiore, parte radiosâ antice quam postice altiore radio postico radium dorsalis posticum longitudine aequante; caudali valde profunde incisa lobis valde acutis capite non ad vix brevioribus; colore corpore superne roseo, inferne roseo-margaritaceo; iride flavescente vel rosea; membrana maxillo-praeoperculari violascente-fusca; pinnis roseo-hyalinis, dorsali antice fuscescente, caudali apicibus fusca vel violacea.

B. 7. D. 10/10 vel 10/11. P. 2/14. V. 1/5. A. 3/8. C. 1/15/1 et lat. brev.

Syn. *Waccom-laoet*. Valent., Amb. fig. 115 ?; *Foetac* Ib. fig. 129; *Balante* Ib. fig. 446.

Toetase Moor Ren., Poiss. Mol. I tab. 30 fig. 166.

Labrus furcatus Lac., Poiss. III p.p 424, 477, tab. 21 fig. 1.

Caranxomorus sacrestinus Lac., Poiss. V p. 682.

Aphareus coerulescens CV., Poiss. VI p. 366, fig. 167ᵇ.

Asphareus coerulescens Swns., Nat. Hist. Fish. II p. 223.

Aphareus rutilans CV., Poiss. VI p. 369; Rüpp., N. Wirb. Fisch. p. 121; Blkr, Act. Soc. Scient. Ind. Neerl., Achtste bijdr. vischf. Amb. p. 52; Atl. ichth. Tab. 299, Perc. tab. 21 fig. 2; Günth., Cat. Fish I p. 386; Klunz., Syn. Fisch. R. M., Verh. zool. bot. Ges. Wien, XX p. 768.

Hab. Amboina, in mari.

Longitudo 5 speciminum 115‴ ad 370‴.

Rem. L'Aphareus coerulescens CV. et l'Aphareus rutilans CV. ne constituent probablement qu'une seule espèce, opinion déjà émise par M. Rüppell et qui me semble mériter d'être adoptée jusqu'à ce que le contraire puisse être démontré. Le furcatus habiterait donc, hors l'Insulinde, tant la Mer rouge que les côtes de l'île Maurice.

On doit à M. Rüppell plusieurs détails curieux par rapport à l'anatomie interne du furcatus.

La Haye, Août 1872.

INDEX SPECIERUM DESCRIPTARUM.

www.ingramcontent.com/pod-product-compliance
Lightning Source LLC
Chambersburg PA
CBHW071520200326
41519CB00019B/6011

* 9 7 8 2 0 1 9 2 3 2 5 1 1 *